Pocket Power

Edgar Dietrich
Alfred Schulze
Winfried Ehret
Stephan Conrad

Eignungsnachweis von Messsystemen

3., aktualisierte Auflage

HANSER

Bibliografische Information Der Deutschen Bibliothek:

Die Deutsche Bibliothek verzeichnet diese Publikation in der Deutschen Nationalbibliografie; detaillierte bibliografische Daten sind im Internet über <http://dnb.ddb.de> abrufbar.

ISBN 978-3-446-41747-2

www.hanser.de
Gesamtlektorat: Dipl.-Ing. Volker Herzberg
Herstellung: Der Buchmacher, Arthur Lenner, München
Satz: Heide Mesad, Q-DAS® GmbH & Co. KG
Coverconcept: Marc-Müller-Bremer, Rebranding, München
Umschlaggestaltung: MCP • Susanne Kraus GbR, Holzkirchen
Druck und Bindung: Kösel, Krugzell
Printed in Germany

Vorwort zur 3. Auflage

Abweichend von der üblichen Vorgehensweise haben wir aus auf Platzgründen entschlossen, in diesem Büchlein die Vorworte zu älteren Auflagen nicht mehr abzudrucken. Schließlich soll dieses Buch ein „Taschenbuch“ im wahrsten Sinne des Wortes bleiben, passend selbst für die Hemdtasche auf dem Weg durch die Fertigung.

Bei der Neubeschaffung bzw. Neueinrichtung von Messsystemen ist heute der Eignungsnachweis Voraussetzung für den Einsatz eines Messgerätes.

Der Nachweis basiert auf statistischen Methoden, die allerdings bis heute nicht genormt sind. Von daher sind in verschiedenen Konzernen unterschiedliche Vorgehens- und Betrachtungsweisen entstanden. Die Autoren haben einen Arbeitskreis der Deutschen Automobilindustrie (unter Beteiligung von Fiat) zu dieser Thematik moderiert. In diesem Arbeitskreis wurde ein Leitfaden für eine einheitliche Vorgehensweise erstellt. Hierauf basierend werden in den folgenden Abschnitten die einzelnen Schritte der Abnahme bzw. Beurteilung von Messsystemen erläutert, und zur besseren Verständlichkeit durch Fallbeispiele untermauert. Seit der 2. Auflage sind die Methoden der QS 9000, MSA 3rd Edition ergänzt und die Unterschiede werden diskutiert.

Die 3. Auflage berücksichtigt nun, dass die QS 9000 Ende 2006 zurückgezogen wurde. Die MSA bleibt im Rahmen der AIAG Core Tools als Empfehlung bestehen. Zusammen mit dem genannten Leitfaden aus dem Arbeitskreis der Automobilindustrie sind in diesem Buch die wichtigsten Grundlagen der aktuellen Richtlinien aus der Automobilindustrie beschrieben.

Sämtliche Bildschirmausdrucke stammen von dem Q-DAS® Produkt solara®. Damit können Anwender dieser Software und auch Anwender vom qs-STAT® (bis ME7) oder destra® die Vorgehensweisen problemlos nachvollziehen. Bei Fragen stehen Ihnen die Autoren gerne zur Verfügung. Sie erreichen uns über www.q-das.de oder q-das@q-das.de.

Weinheim, August 2008 — Edgar Dietrich, Alfred Schulze, Winfried Ehret, Stephan Conrad

Inhaltsverzeichnis

1 Einleitung

Im Rahmen der Prüfmittelüberwachung müssen Messgeräte und Prüfmittel regelmäßig qualifiziert werden. Dabei werden die Messverfahren unter idealisierten Bedingungen nach Normen bzw. Herstellervorgaben überprüft und für ein festzulegendes Zeitintervall freigegeben.

Durch diesen Vorgang ist allerdings noch nicht nachgewiesen, dass das Messverfahren für den realen Einsatzfall, d.h. am Einsatzort, mit unterschiedlichen Bedienern, sowie realen Messobjekten und unter sich ständig ändernden Umgebungsbedingungen für den Einsatz geeignet ist.

Um diesen Nachweis zu führen, wurden Mitte der 80er Jahre in der Industrie sogenannte Messsystemfähigkeitsuntersuchungen eingeführt.

Aufgrund der oben genannten Einflussfaktoren wird mit Hilfe dieser Fähigkeitsuntersuchungen die Streuung des Messsystems abgeschätzt. Hierfür wurden die im folgenden beschriebenen Verfahren und Vorgehensweisen entwickelt. Anhand praktischer Versuche und einfacher Formeln werden Kennwerte bestimmt. Basierend auf diesen Ergebnissen kann die Entscheidung für den Einsatz bzw. die Abnahme eines Messsystems getroffen werden.

In diesem Pocket Guide wurden alle Referenzen auf die QS 9000, die Ende 2006 zurückgezogen wurde, durch die AIAG Core Tools ersetzt. Diese sind identisch mit den ehemaligen Leitfäden der QS 9000.

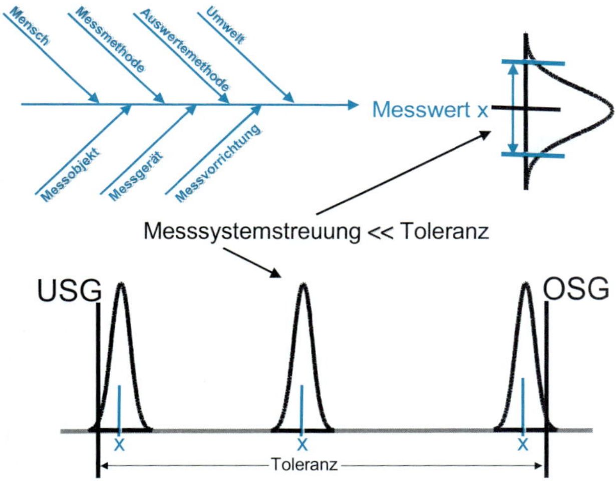

Abb. 1-1: Messsystemstreuung im Verhältnis zur Toleranz

2 Definition Messprozess /-system

Nach EFQM (European Foundation for Quality Management) ist ein Prozess „...eine Folge von Schritten, welche aus einer Reihe von Inputs einen Output erzeugen ...".

Ein Prozess wird durch Eingaben und durch den Prozess bewirkte Ausgaben gekennzeichnet. Für einen Messprozess ist die Eingabe das Prüfobjekt und die Ausgabe der Messwert oder das Messergebnis. Da jedoch weitere Einflussgrössen wirksam sein können, wie z.B. das Messverfahren, die Antaststrategie, der Bediener, das Normal sowie die Umgebung, wird der gesamte Vorgang „Messsystem" definiert.

In dieser Definition umfasst das Messsystem alle Einflusskomponenten zur Ermittlung eines Messwertes und ist identisch mit dem Messprozess.

Laut MSA [1] ist das Messsystem „die Zusammenfassung aller Einflusskomponenten zur Ermittlung eines Messwerts für ein Merkmal: Verfahren, Ablaufschritte, Messgeräte und weitere Ausrüstung, Hilfsmittel, Normal, Software und Personal, welche dazu benutzt wird, um dem gemessenen Merkmal einen Zahlenwert zuzuweisen. Mit anderen Worten: der vollständige Prozess zur Erfassung von Messwerten."

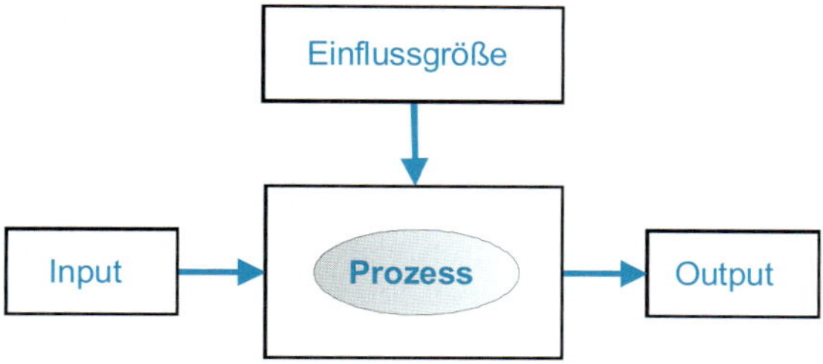

Abb. 2-1: Prozessbegriff

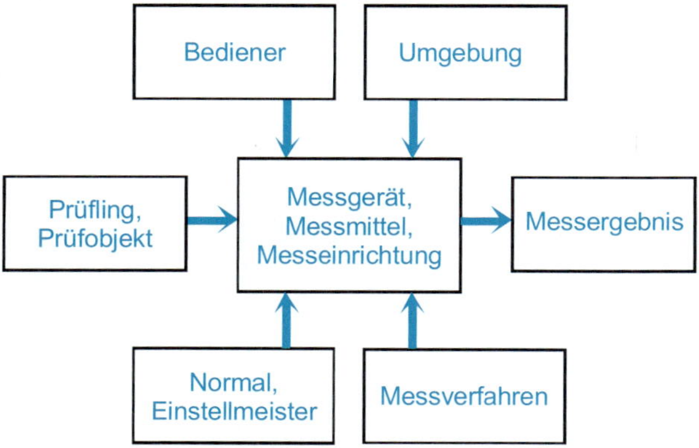

Abb. 2-2: Definition Messsystem

3 Vorgehensweise in der Übersicht

3.1 Abfolge

Die Vorgehensweise bei Messsystemanalysen nach dem abgebildeten Flussdiagramm wurde von der Automobilindustrie entwickelt und liegt den betreffenden Firmenrichtlinien zugrunde.

Die ersten beiden grundlegenden Schritte sind die Überprüfung und Bewertung der Auflösung der Anzeige des Messmittels und der erweiterten Messunsicherheit der nachfolgend benutzten Normale bzw. Referenzteile.

Die Linearitätsuntersuchung ermittelt die systematische Messabweichung über den gesamten Anwendungsbereich. Wenn sie gefordert wird, kann sie statt oder in Verbindung mit Verfahren 1 durchgeführt werden.

Zielsetzung ist bei

- Verfahren 1 die Ermittlung der systematischen Messabweichung und der Wiederholpräzision (C_g, C_{gk}),
- Verfahren 2 die Bestimmung der Gesamtstreuung über die Wiederhol- und Vergleichspräzision bei Bedienereinfluss (GRR),
- Verfahren 3 nur die Bestimmung der Wiederholpräzision im Falle nicht bedienerabhängiger Messsysteme.

Die Messbeständigkeit (Stabilität) sichert den Messprozess über den gesamten Fertigungszeitraum.

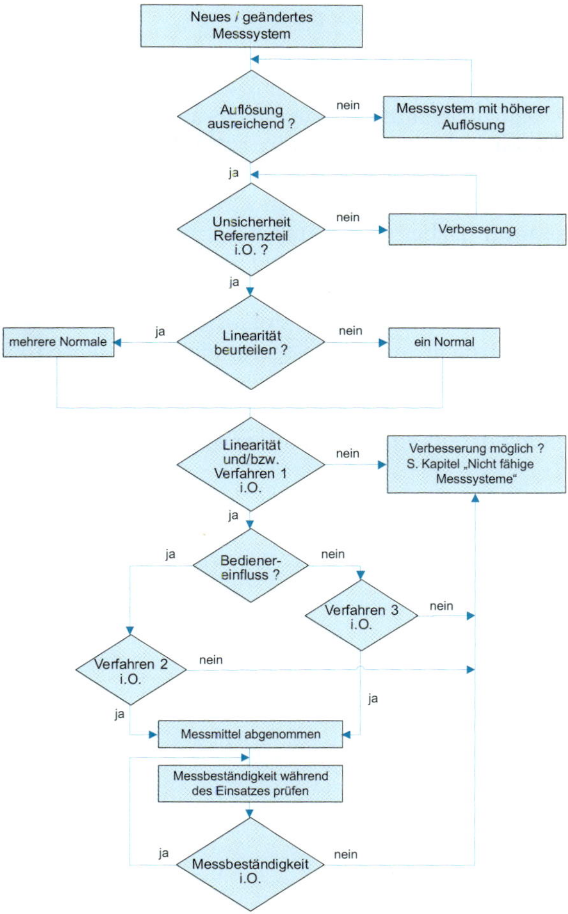

Abb. 3-1: Standardablauf Prüfmitteluntersuchung

3.2 Funktionsprobe

Die Funktionsprobe mit einem Messobjekt (Originalteil, für das das Messverfahren qualifiziert wird) ist zunächst für eine Fähigkeitsuntersuchung irrelevant. Allerdings empfiehlt es sich diese, insbesondere bei komplexeren Messeinrichtungen, direkt beim Hersteller durchzuführen. In der Regel wird dort nur Verfahren 1 für die erste Beurteilung angewandt. Dabei werden meistens nur Normale verwendet. Wird das Messgerät ohne Funktionsprobe zum Kunden geliefert und aufgebaut, kann es vorkommen, dass aufgrund von verschiedenen Vorrichtungen das Messobjekt überhaupt nicht in das Messgerät eingelegt werden kann. Dies ist mit nicht unerheblichen Nacharbeitskosten verbunden. Daher ist in einer möglichst frühen Phase der Beurteilung bereits ein Test mit dem Messobjekt durchzuführen.

Abb. 3-2: Messaufbau als Teil eines Messsystems

4 Beurteilung Messmittel

4.1 Auflösung des Messgerätes

Bevor eines der Verfahren durchgeführt werden kann, ist zu überprüfen, ob die Auflösung des Messgerätes ausreichend ist.

Die Auflösung des Messgerätes ist ablesbar

- im Ziffernschritt bei digitaler Anzeige und
- in der Skalenteilung bei analoger Anzeige.

Forderung an die Auflösung:

- $\%RE \leq 5\%$ der Toleranz des Merkmals

Berechnung

- $\%RE = \frac{RE}{RF} \cdot 100\%$
- RF Bezugsgröße (Reference Figure)
  hier Toleranz T

Auswirkungen bei ungeeigneter Auflösung sind:

- Fehlerhafte Schätzung der Lage und insbesondere der Streuung und damit
- fehlerhafte Fähigkeitskennwerte C_g und C_{gk} wie in Abb. 4-2 dargestellt.

Beispiel:

Obere Toleranzgrenze:	+ 208 m³/h
Untere Toleranzgrenze:	+ 202 m³/h
Auflösung Anzeige:	0,01 m³/h

$$\%RE = \frac{0{,}01\,m^3/h}{6\,m^3/h} \cdot 100\% = 0{,}17\% \leq 5\%$$

Abb. 4-1: Berechnung %RE

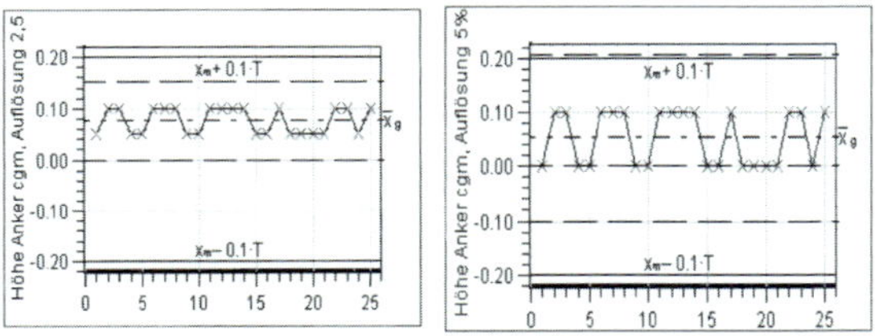

$C_g = 2.61;\ C_{gk} = 1,62$ $C_g = 1,31;\ C_{gk} = 0,97$

Abb. 4-2: Auflösung 0,05 und 0,1 im Vergleich

4.2 Unsicherheit des Referenzteils

Aufgrund der Messkette weist jedes Normal eine Messunsicherheit auf, die um so größer wird, je weiter das Normal von dem „Ur“-Normal entfernt ist.

Jedes verwendete Normal oder Referenzteil muss auf das jeweilige nationale oder internationale Normal durch Kalibrierung rückführbar sein .

Durch Kalibrierung des Referenzteils wird der Referenzwert und die dazugehörige erweiterte Messunsicherheit U ermittelt.

Aus dem Kalibrierschein kann die erweiterte Messunsicherheit U entnommen werden. Als Erfahrungswert gilt die Forderung:

- ▶ $U \leq 5\%$ der Merkmalstoleranz

Werden zwei oder mehrere kalibrierte Referenzteile beschafft, ist darauf zu achten, dass deren Ist-Maße über den Toleranzbereich verteilt sind (z. B. an Toleranzgrenze und Toleranzmitte). Ein Referenzteil wird dann zum Einmessen des Messsystems verwendet und ein weiteres für die Messsystemanalyse.

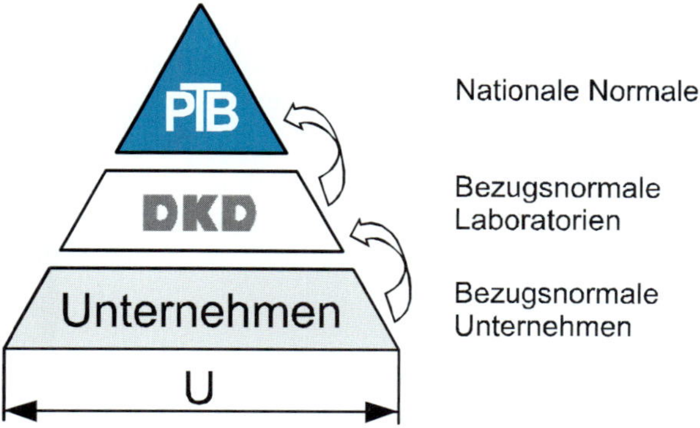

Abb. 4-3: Rückführbarkeit von Normalen

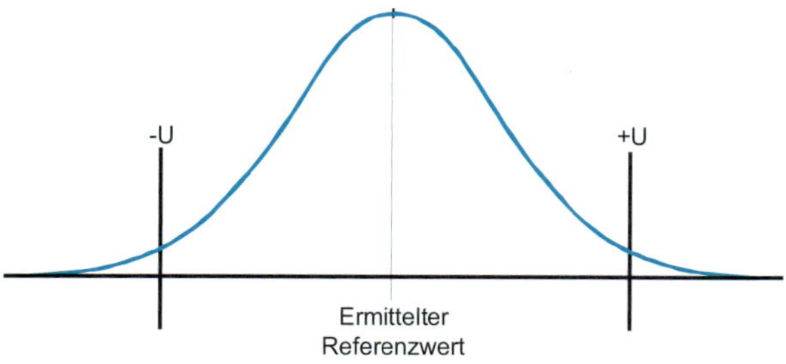

Abb. 4-4: Unsicherheit des Referenzteils

4.3 Verfahren 1

Ziel der Untersuchung ist die Beurteilung von Herstellerangaben, insbesondere bei neuen Messsystemen oder nach Modifikationen.

Die systematische Messabweichung (Bezug zu nationalen und internationalen Normalen) und die Streuung des Messgerätes ohne Bedienereinfluss werden an Hand eines Prüfnormals beurteilt.

4.3.1 Vorbereitung

Zur Vorbereitung gehört:

- Die Messeinrichtung ist entsprechend den Vorschriften des Herstellers einzurichten und gebrauchsfertig zu machen.. Das Normal und die Auflagefläche sind zu reinigen.
- Die Forderungen zur Auflösung des Messgerätes, der Messunsicherheit und Rückverfolgbarkeit des Referenzteils sind zu beachten. Für das Normal muss ein Prüfzertifikat vorliegen, die Unsicherheit des Normals ist zu dokumentieren.
- Dokumentationsdaten bereitstellen (s. Flussdiagramm)
- Die Auswertekonfiguration in qs-STAT®/solara® nach Kundenforderung einstellen.

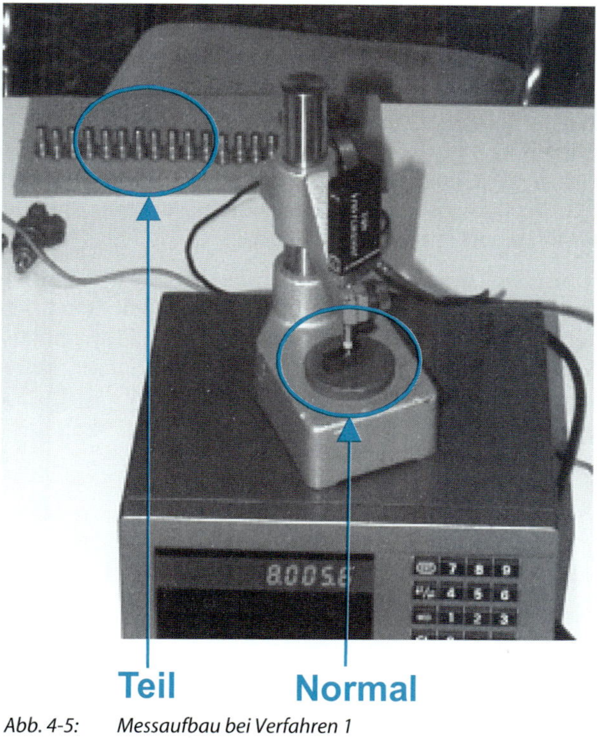

Abb. 4-5: Messaufbau bei Verfahren 1

4.3.2 Ablauf

Bei dem Verfahren 1 für zweiseitig begrenzte Merkmale werden mit dem Messgerät an einem Normal mehrere Wiederholmessungen (mindestens 25, besser 50) durchgeführt. Aus der Messwertreihe können Mittelwert und Standardabweichung berechnet werden. Aus diesen ergeben sich in Verbindung mit der Merkmalstoleranz die Qualitätsfähigkeitskenngrößen C_g und C_{gk}.

Andere Bezugsgrößen (z.B. die Prozessstreuung) sind nur in Sonderfällen sinnvoll anzuwenden. Mit dem C_g-Wert kann die Streuung und mit dem C_{gk}-Wert die systematische Messabweichung und die Streuung als Ganzes bewertet werden.

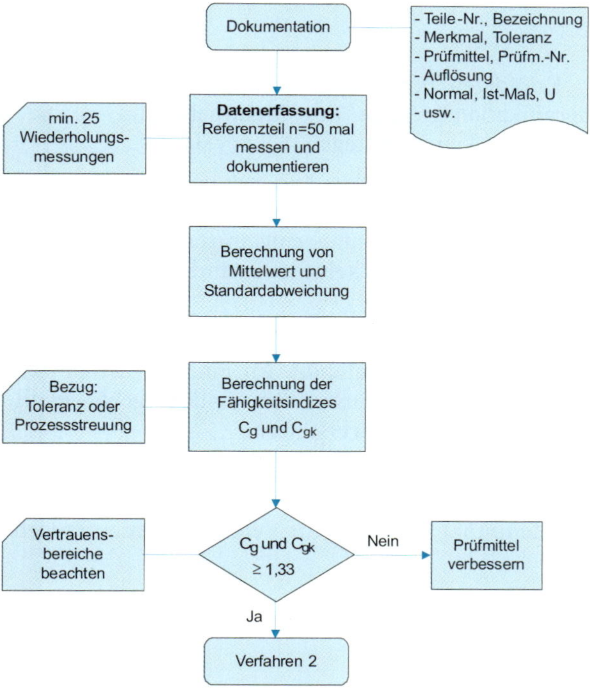

Abb. 4-6: Ablauf bei Verfahren 1

1. Schritt

Kopfdaten zur Identifikation, Istwert des Normals und Spezifikationsgrenzen des Merkmals sind in die Bildschirmmasken einzutragen.

Für eine vollständige Auswertung der Daten muss der Spezifikationsbereich des Merkmals, der Istwert des Normals und die Auflösung eingetragen werden. Fehlt eine dieser Angaben, ist keine vollständige Beurteilung nach Verfahren 1 möglich.

Alle anderen Felder sind als Vorschlag zu verstehen und dienen der Dokumentation. Im Einzelfall ist zu entscheiden, welche Felder auszufüllen sind. Gegebenenfalls sind weitere Datenfelder zu ergänzen.

Die Daten müssen eine eindeutige Identifikation und spätere Suche ermöglichen. Nur so können zu einem späteren Zeitpunkt die Daten für Vergleiche herangezogen werden.

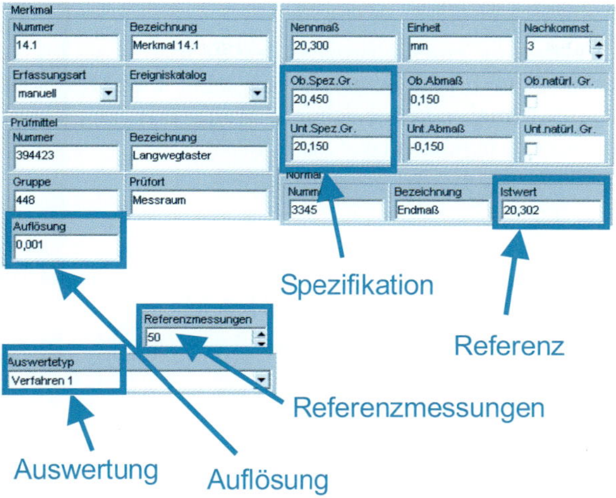

Abb. 4-7: Kopfdaten Verfahren 1 (Bildschirm)

	Meßsystemanalyse Verfahren 1: Cg / Cgk - Studie	Seite 1/1

Akt. Dat.	Bearb.Name.	Abt./Kst./Prod.	Prüfort

Prüfmittel	Normal	Merkmal
Bezeichnung Nummer Auflösung Prüfgrnd.	Bezeichnung Nummer Istwert Einheit	Bezeichnung Nummer Nennm. OSG Einheit USG
Bem.		

Abb. 4-8: Kopfdaten Verfahren 1 (Bericht)

2. Schritt

Festlegung eines Normals, dessen Istwert x_m im Toleranzfeld des Prüfmerkmals liegen sollte. Die Messposition ist am Normal zu kennzeichnen, zwangsweise zu positionieren oder zu beschreiben.

3. Schritt

Erstellung und Abgleich der Messeinrichtung nach der gültigen Vorschrift. Nach dem Abgleich sind keine Veränderungen an der Messeinrichtung mehr zulässig.

4. Schritt

Es sind 50 Messungen, mindestens aber 25, vom gleichen Prüfer durchzuführen und in die Wertemaske einzugeben. Nach jeder Messung ist darauf zu achten, dass das Normal wieder zurückgelegt wird. Die Antastungen sollten immer an der gleichen Stelle erfolgen.

Prinzipiell sollten die Messdaten eines Messgerätes automatisch zu einem PC übertragen werden, um Eingabefehler zu reduzieren.

In der Wertemaske müssen Zusatzfelder zur vollständigen Dokumentation eingefügt werden. Dies können z.B. Uhrzeit, Datum und der Prüfername sein.

Rechte Maustaste *und* *Zusatzdaten markieren*

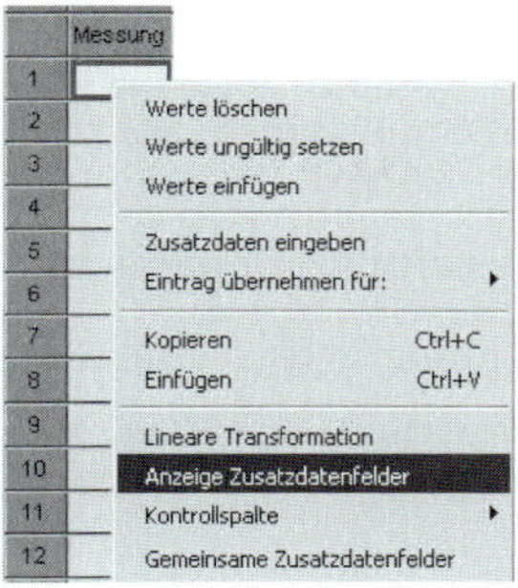

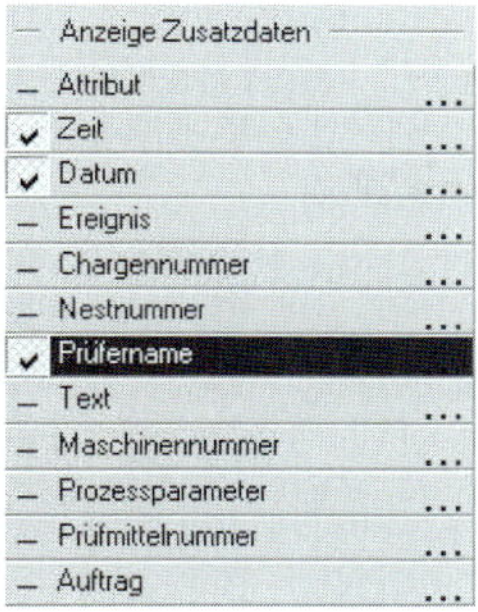

Abb. 4-9: *Zusatzdatenfelder*

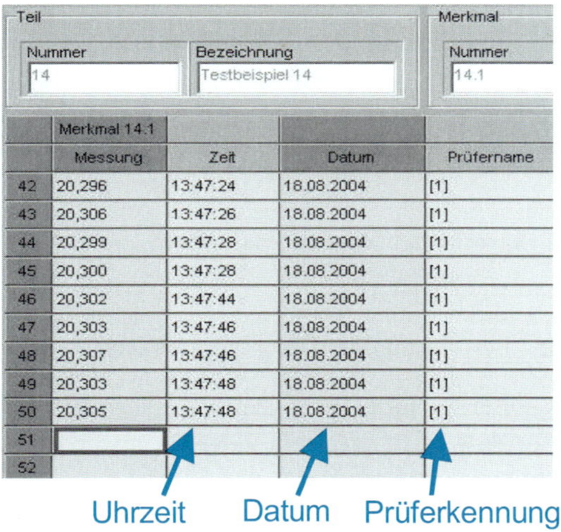

Abb. 4-10: *Bildschirmmaske Werteerfassung*

4.3.3 Berechnung

Zur Berechnung der Qualitätsfähigkeitskenngrößen C_g und C_{gk} sind mehrere Formeln bekannt. Daher ist bei der Angabe der Kennwerte die Berechnungsmethode zu dokumentieren.

Es sind folgende Berechnungsschritte erforderlich:

5. Schritt: Berechnung des arithmetischen Mittelwerts

$$\bar{x}_g = \frac{1}{n} \sum_{i=1}^{n} x_i \qquad i = 1, 2, 3, \ldots, n$$

6. Schritt: Berechnung der Standardabweichung

$$s_g = \sqrt{\frac{1}{n-1} \sum_{i=1}^{n} \left(x_i - \bar{x}_g\right)^2} \qquad i = 1, 2, 3, \ldots, n$$

7. Schritt: Berechnung der systematischen Messabweichung

$$Bi = \left| \bar{x}_g - x_m \right| \quad \text{und} \quad \%Bi = \frac{Bi}{T} \cdot 100\%$$

$\bar{x}_g$ = Mittelwert der Messungen
x_m = Istmaß des Normals

8. Schritt: Berechnung der Fähigkeitskennwerte

$$C_g = \frac{0{,}2 \cdot T}{4 \cdot s_g} \quad \text{und} \quad C_{gk} = \frac{0{,}1 \cdot T - Bi}{2 \cdot s_g}$$

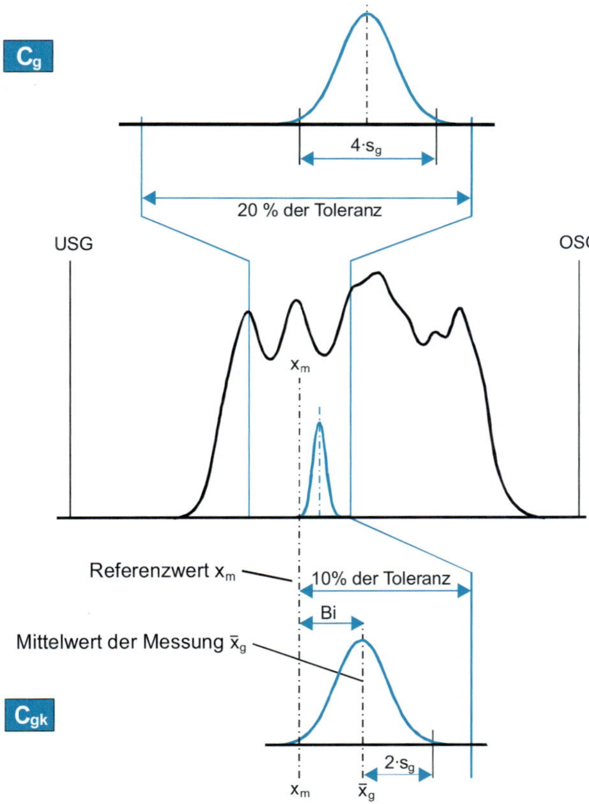

Abb. 4-11: Verfahren 1 - C_g und C_{gk}

4.3.4 Beurteilung der Ergebnisse

Bereits im grafischen Werteverlauf der Einzelwerte und im Wertestrahl kann die Eignung abgeschätzt werden. Weiter sind Ausreißer bzw. Trends oder andere systematische Veränderungen erkennbar. Werden Ausreißer erkannt, können diese für die Auswertung eliminiert werden. Die Gründe hierfür sind festzuhalten.

Beurteilung der Kennwerte

I. Fall: $C_{gk} \geq 1{,}33$

Das Messgerät ist fähig.

II. Fall: $C_{gk} < 1{,}33$

Das Messgerät ist nicht fähig.

Der Fall $s_g = 0$ ist zu begründen. Dieser Fall kann z.B. unter folgenden Bedingungen auftreten:

- Die Auflösung der Messeinrichtung reicht nicht aus, um die Einflüsse zu erkennen.
- Fehler in der Messeinrichtung (z.B. Messtaster klemmt)

Ausnahmeregelungen bei kleinen Toleranzen müssen im Einzelfall getroffen werden (siehe hierzu auch Vorgehensweise „Nicht fähige Messsysteme“).

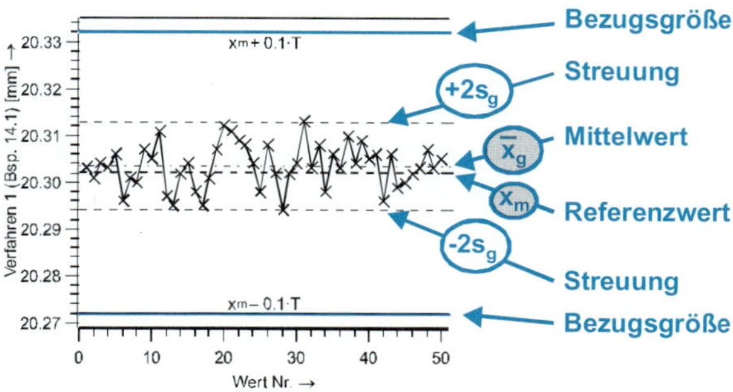

Abb. 4-12: Werteverlauf

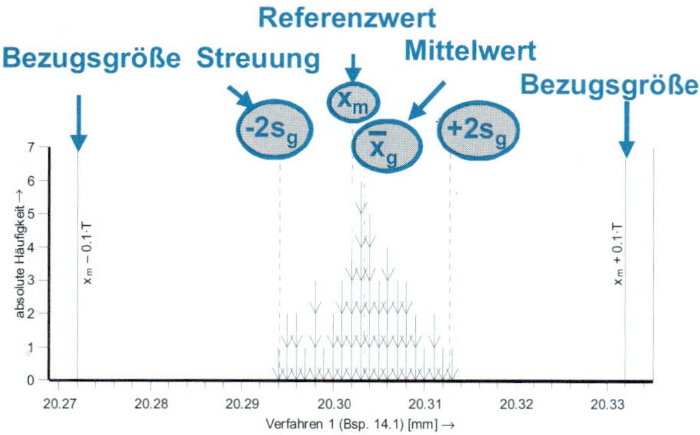

Abb. 4-13: Wertestrahl

Die numerische Ausgabe in Abb. 4-14 zeigt die wichtigsten statistischen Kennwerte von Verfahren 1, sowie die Berechnungsformeln der Fähigkeitskennwerte. Bei der Gesamtbeurteilung wird in Klammer mit angegeben auf welchen Kennwerten die Aussage beruht. Ist das Prüfsystem nicht fähig, sind die entsprechenden Kennwerte unterstrichen.

Die minimalen Toleranzen ergeben sich durch Umstellen der Formeln der Prüfbedingungen nach T.

Beispiel:

Durch Umstellen der Formel für C_{gk} mit der Forderung $C_{gk} = 1{,}33$ kann der kleinste Betrag der Toleranz errechnet werden, ab dem die Messeinrichtung nach Verfahren 1 geeignet ist :

$$C_{gk} = \frac{0{,}1 \cdot T - B_i}{2 \cdot s_g} = 1{,}33 = \frac{4}{3}$$

daraus folgt:

$$T_{min} = \frac{80}{3} \cdot s_g + 10 \cdot Bi$$

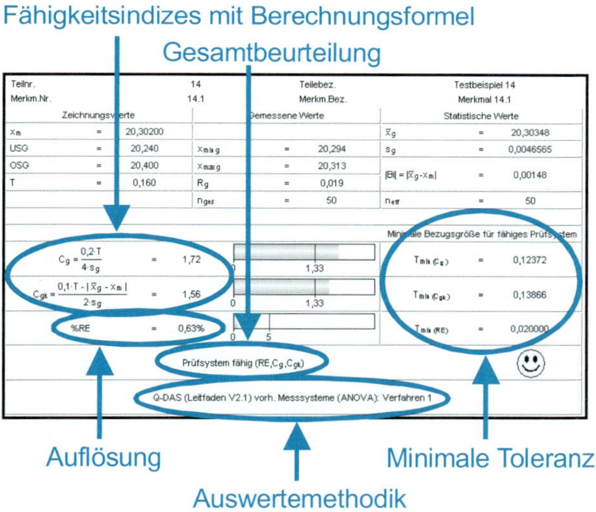

Abb. 4-14: Ergebnisse Verfahren 1

4.3.5 Dokumentation der Untersuchung

Bericht über ein Merkmal

Das Ergebnis der Fähigkeitsuntersuchung ist umfassend zu dokumentieren. Dazu gehören:

- Kopfdaten zur Identifikation des Messverfahrens und Zuordnung zu der jeweiligen Messaufgabe
- Numerische Werte sowie deren grafische Darstellung
- Zusammenfassung der statistischen Kennwerte
- Beurteilung des Ergebnisses sowie die verwendete Auswertemethodik
- Unterschrift mit Datum, um die korrekte Durchführung zu dokumentieren.

Hinweise:

Da die numerischen Ergebnisse und Messwerte in tabellarischer Form eher einen „Zahlenfriedhof" darstellen, sollten die Einzelwerte auf jeden Fall in Form eines Werteverlaufs visualisiert werden. Ausreißer, Trends oder größere Schwankungen können so sehr schnell erkannt werden. Für den besseren Überblick empfiehlt es sich auch, die numerischen Ergebnisse in Form eines Balkendiagramms im Vergleich zu den Forderungen darzustellen.

Q-DAS	Messsystemanalyse	Seite 1 / 1

Akt. Dat. 22.03.2005	Bearb.Name.	Abt./Kst./Prod.	Prüfort

Prüfmittel		Normal		Merkmal	
Prfm.Bez.		Normal Bez.		Merkm.Bez.	GC Verfahren 1 (Bsp. 14.1)
Prfm.Nr.		Normal Nr.		Merkm.Nr.	14.1
Prfm.Aufl.	0,001	Normal-Istw.	20,302	Nennm.	OSG 20,450
Prüfgrnd.		Einh.	mm	Einh. mm	USG 20,150
Bemerkung					

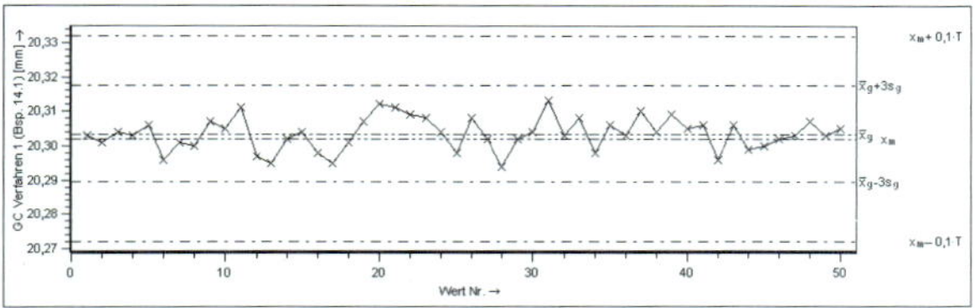

i	x_i	i	x_i	i	x_i	i	x_i	i	x_i
1	20,303	6	20,296	11	20,311	16	20,298	21	20,311
2	20,301	7	20,301	12	20,297	17	20,295	22	20,309
3	20,304	8	20,300	13	20,295	18	20,301	23	20,308
4	20,303	9	20,307	14	20,302	19	20,307	24	20,304
5	20,306	10	20,305	15	20,304	20	20,312	25	20,298
i	x_i	i	x_i	i	x_i	i	x_i	i	x_i
26	20,308	31	20,313	36	20,303	41	20,306	46	20,302
27	20,302	32	20,303	37	20,310	42	20,296	47	20,303
28	20,294	33	20,308	38	20,304	43	20,306	48	20,307
29	20,302	34	20,298	39	20,309	44	20,299	49	20,303
30	20,304	35	20,306	40	20,305	45	20,300	50	20,305

Zeichnungswerte		Gemessene Werte		Statistische Werte	
x_m	= 20,30200			$\bar{x}_g$	= 20,30348
USG	= 20,150	$x_{min\,g}$	= 20,294	s_g	= 0,0046565
OSG	= 20,450	$x_{max\,g}$	= 20,313	$\lvert Bi \rvert = \lvert \bar{x}_g - x_m \rvert$	= 0,00148
T	= 0,300	R_g	= 0,019		
		n_{ges}	= 50	n_{eff}	= 50

			Minimale Bezugsgröße für fähiges Prüfsystem	
$C_g = \frac{0{,}2 \cdot T}{4 \cdot s_g}$	= 3,22	0 … 1,33	$T_{min\,(C_g)}$	= 0,12391
$C_{gk} = \frac{0{,}1 \cdot T - \lvert \bar{x}_g - x_m \rvert}{2 \cdot s_g}$	= 3,06	0 … 1,33	$T_{min\,(C_{gk})}$	= 0,13866
%RE	= 0,33%	0 … 5	$T_{min\,(RE)}$	= 0,020000

Prüfsystem fähig (RE,U,C_g,C_{gk})

Q-DAS Messunsicherheit (2003): Verfahren 1

Datum ______ Unterschrift ______ Abteilung ______

22.03.2005 8.30 / 50209 GC_1_me.def Q-DAS intern ME 4 TEST_14.DFQ

Abb. 4-15: Ausdruck Gesamtergebnis Verfahren 1

Bericht über mehrere Merkmale

In der Regel sind an einem Teil mehrere Merkmale zu beurteilen. Dabei ist es gleich, ob für die jeweiligen Merkmale verschiedene Messgeräte zum Tragen kommen oder ob das gesamte Teil über eine Messvorrichtung bzw. mit einem Drei-Koordinaten-Messgerät vermessen wird. Von solchen Messsystemen werden die Daten in der Regel entweder online über eine RS-232 Schnittstelle oder über eine ASCII-Datei auf den Auswerterechner übertragen. Bei komplexen Teilen mit einigen Dutzend oder mehreren hundert Merkmalen ist es zunächst nicht sinnvoll, für jedes Merkmal ein eigenes Blatt auszudrucken. Hierfür empfehlen sich Darstellungen, bei denen die Kennwerte komprimiert visualisiert werden.

So können die wichtigsten statistischen Kennwerte tabellarisch dargestellt werden. Dabei empfiehlt sich, das Gesamtergebnis der Beurteilung in einer separaten Spalte hervorzuheben. Es könnte beispielsweise ein lachender „Smiley“ die Fähigkeit des Messverfahrens symbolisieren und ein trauriger „Smiley“ eingetragen werden, wenn das Messverfahren die Forderungen nicht erfüllt.

Insbesondere für die Anzeige der Fähigkeitskennwerte C_g und C_{gk} ist eine „Übersicht der C-Werte“ als Balkendiagramm hilfreich. Auch diese sind je nach Ergebnis farblich zu markieren.

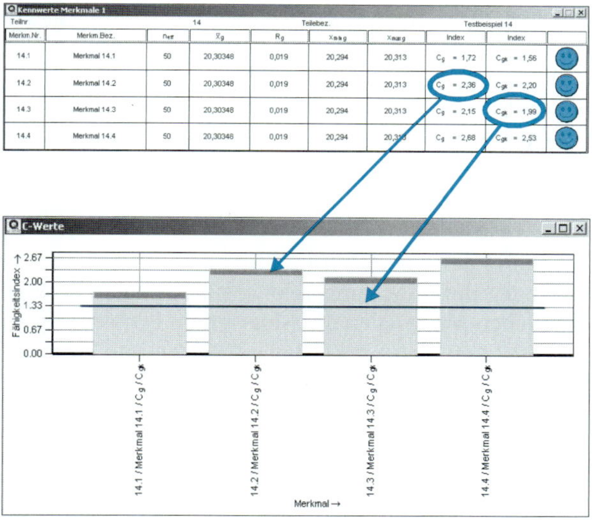

Kennwerte Merkmale 1

Teilnr 14 Teilebez. Testbeispiel 14

Merkm.Nr.	Merkm.Bez.	n_{eff}	$\bar{x}_g$	R_g	$x_{min\,g}$	$x_{max\,g}$	Index	Index	
14.1	Merkmal 14.1	50	20,30348	0,019	20,294	20,313	C_g = 1,72	C_{gk} = 1,56	
14.2	Merkmal 14.2	50	20,30348	0,019	20,294	20,313	C_g = 2,36	C_{gk} = 2,20	
14.3	Merkmal 14.3	50	20,30348	0,019	20,294	20,313	C_g = 2,15	C_{gk} = 1,99	
14.4	Merkmal 14.4	50	20,30348	0,019	20,294	20,3[illegible]	C_g = 2,68	C_{gk} = 2,53	

Abb. 4-16: Ergebnisübersicht C-Werte

Neben der „Übersicht der C-Werte“ empfiehlt sich die Darstellung der wichtigsten statistischen Kennwerte in Form eines Box-Plots. Der Box-Plot zeigt einige Details wie Mittelwert, Streubreite des Messsystems, Größt- und Kleinstwert. Dadurch ist eine detailliertere Beurteilung des Messsystems möglich. Durch das Verhältnis „Streubreite zur Bezugsgröße“ kann im Box-Plot die Fähigkeit grob abgeschätzt werden.

Anhand der Übersichtsgrafiken wie C-Werte und „Smileys“ oder Box-Plot kann sehr schnell festgestellt werden, bei welchen Merkmalen das Messsystem Probleme bereitet. Hier wird man dann ins Detail einsteigen und einen Übersichtsausdruck zur Beurteilung des jeweiligen Merkmals heranziehen.

Insbesondere bei einer automatischen Übertragung der Messdaten mit anschließender Auswertung sind solche Übersichtsdarstellungen, die quasi die „Spreu vom Weizen“ trennen, sehr hilfreich.

Welche statistischen Kennwerte tabellarisch ausgegeben werden sollen, hängt von der Aufgabenstellung bzw. firmenspezifischen Festlegungen ab.

numerisch

Kennwerte					Seite 1/1				
Nr.	Istw.	OSG	USG	$\bar{x}$	s	x_{min}	x_{max}	$4 \cdot s_g$	Bi/%Bi
14.1	20.305	20.370	20.260	20.30348	0.0046565	20.294	20.313	0.0186261	1.38 %
14.2	20.304	20.400	20.220	20.30348	0.0046565	20.294	20.313	0.0186261	0.29 %
14.3	20.302	20.400	20.250	20.30348	0.0046565	20.294	20.313	0.0186261	0.99 %
14.4	20.300	20.370	20.250	20.30348	0.0046565	20.294	20.313	0.0186261	2.90 %

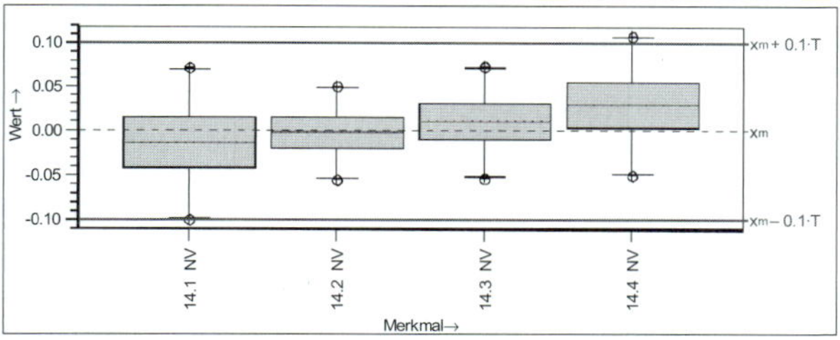

Abb. 4-17: Ergebnisübersicht Box-Plot

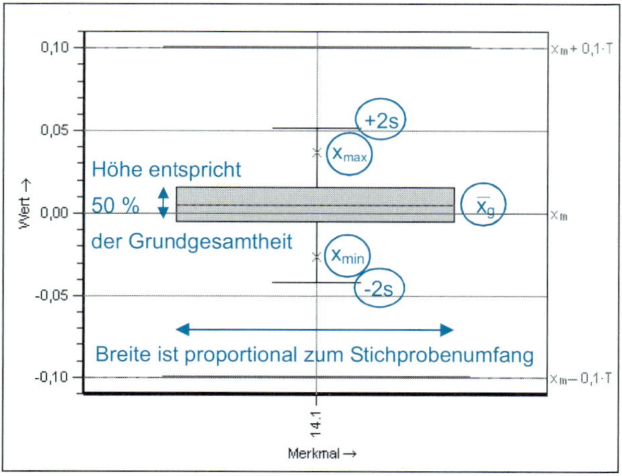

4.3.6 Alternative Verfahren

4.3.6.1 Test auf signifikanten Bias

Anstelle von Verfahren 1 wird nach MSA [1] ein Test auf signifikanten Bias vorgeschlagen. Es soll festgestellt werden, ob ein Messsystem für einen Messprozess eine akzeptable systematische Messabweichung aufweist, bzw. ob das Referenzteil eine ausreichende Qualität besitzt.

Durch einen t-Test wird der Vertrauensbereich basierend auf dem Vertrauensniveau von P=95% für die systematische Messabweichung Bi ermittelt. Die Nullhypothese, der Bias sei vernachlässigbar klein, wird nicht verworfen, wenn der Vertrauensbereich den Wert 0 beinhaltet.

Durchführung:

- Referenzteil bzw. Normal aus dem mittleren Toleranzbereich auswählen.
- Das Referenzteil ist mit dem Messmittel mindestens 10 mal zu messen.
- Die numerische Auswertung umfasst $\bar{x}_g, s_g$ und Bi , sowie den Vertrauensbereich

  $$Bi \pm \frac{s_g}{\sqrt{n}} \cdot t_{n-1;1-\alpha/2}$$

  $t_{n-1;1-\alpha/2}$: obere zweiseitige Schwellenwert der t-Verteilung (t-Wert)
- Testbedingung prüfen

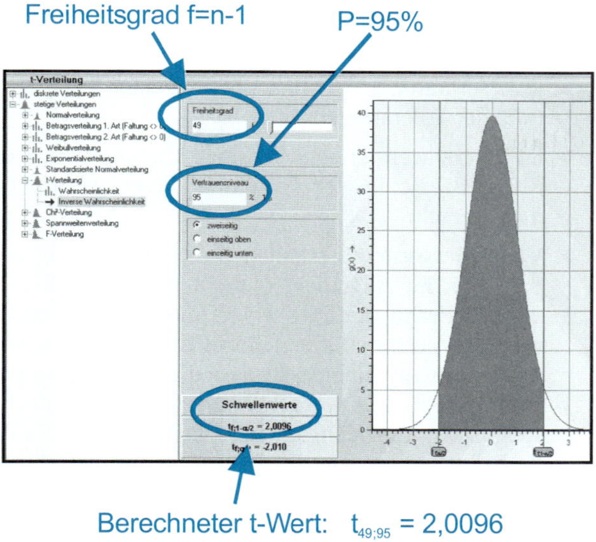

Abb. 4-18: Berechnung t - Wert

Vor- und Nachteile des Verfahrens

- Das Verfahren kann ohne Vorgabe einer Bezugsgröße (z.B. der Toleranz) erfolgen.
- Das Verfahren ist sehr sensibel. Daher werden viele Messprozesse in der Fertigung dieser Anforderung nicht gerecht.
- Viele Messsysteme erhalten im Justiervorgang einen geringen, im Allgemeinen nicht relevanten Bias aus der Wiederholstreuung des Geräts. Bei diesem Test wird der Vertrauensbereich mit zunehmendem Stichprobenumfang kleiner, so dass dieser Bias als signifikant interpretiert werden kann. Mit dieser Prüfung steigt somit die Wahrscheinlichkeit, dass die Null außerhalb des Vertrauensbereichs liegt und das Messsystem als „nicht fähig“ eingestuft wird.
- Je geringer die Streuung der Messwerte, desto kleiner werden die Vertrauensbereiche. Das heißt, ein gegebener Bias wird bei kleiner Messsystemstreuung eher als signifikant erkannt als bei großer Messsystemstreuung.

Fallbeispiel (Testbeispiel 15)

$n = 50, \quad 1\text{-}\alpha = 95\%, \quad x_m = 17{,}050,$

$\bar{x}_g = 17{,}0494, \quad s_g = 0{,}0099816$

1. Schritt : $\text{Bi} = \left| \bar{x}_g - x_m \right| = 0{,}0006$

2. Schritt : Berechnung t-Wert

3. Schritt : Vertrauensbereich von Bi berechnen

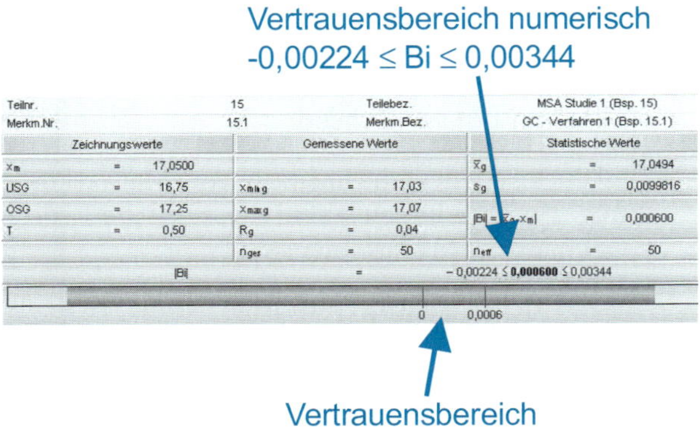

Abb. 4-19: Test auf signifikanten Bias

Die Testbedingung ist erfüllt, da der Vertrauensbereich den Wert 0 beinhaltet.

4.4 Linearität

4.4.1 Vorbemerkung

Beim Einsatz des Messsystems ist dessen „Linearität“ über den Anwendungsbereich nachzuweisen. Bei der Untersuchung der Linearität sind folgende Situationen zu unterscheiden:

- das Messsystem enthält eine lineare Maßverkörperung. Dies ist in Form eines Zertifikates bzw. einer Überprüfung nachzuweisen.

  In diesem Fall ist keine separate Linearitätsstudie erforderlich. Die Beurteilung des Messverfahrens nach Verfahren 1 ist ausreichend.

- Das Messsystem enthält keine lineare Maßverkörperung. Typische Beispiele sind elektronische Taster, pneumatische Messungen usw.

  In diesem Fall sollte die Linearität des Messsystems näher untersucht werden.

Mit einer Linearitätsuntersuchung soll die „Systematische Messabweichung“ eines Messsystems über einen spezifizierten Bereich ermittelt werden. Anhand der Ergebnisse ist zu beurteilen, ob sich die systematische Messabweichung in einem Bereich bewegt, in dem das Messsystem als geeignet angesehen werden kann.

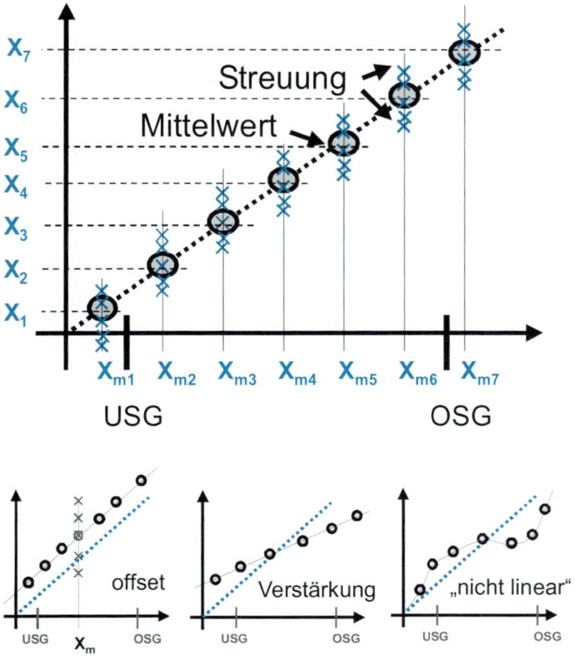

—— Verbindungslinie der Mittelwerte

••••• ideale Position, bei der alle Messwerte dem jeweiligen Referenzwert entsprechen

○ Mittelwert der Messwertreihe am Normal i

$(x_m)_i$ Referenzwert des Normals i

x_i Messwert

Abb. 4-20: Linearität

Folgende unterschiedliche Situationen sind zu betrachten:

- Die systematische Messabweichung ist unabhängig von den Referenzwerten über den spezifizierten Bereich konstant.
- Die systematische Messabweichung ändert sich über den spezifizierten Bereich. Es besteht ein linearer Zusammenhang zwischen den Referenzwerten und der systematischen Messabweichung.
- Es besteht kein linearer Zusammenhang zwischen den Referenzwerten und der systematischen Messabweichung.

4.4.2 Bestimmung der systematischen Messabweichung

Um die systematische Messabweichung gemäß der hier getroffenen Definition beurteilen zu können, sind pro Merkmal m Normale ($m \geq 3$) zu verwenden. Die Normale sollten möglichst gleichmäßig über den spezifizierten Auswertungsbereich verteilt sein. An jedem Normal werden Messungen (Standardfall n=10) durchgeführt. Anschließend sind die Mittelwerte $(\bar{x}_g)_i$ und die systematische Messabweichung Bi_i zu bestimmen. Die Linearität wird anhand der Ergebnisse $(Bi)_i$ durch den Vergleich mit den vorgegebenen Grenzwerten beurteilt.

Die Messwerte und die Mittelwerte pro Normal können im xy-Plot oder als Differenz zum jeweiligen Referenzteil im Abweichungsdiagramm dargestellt werden.

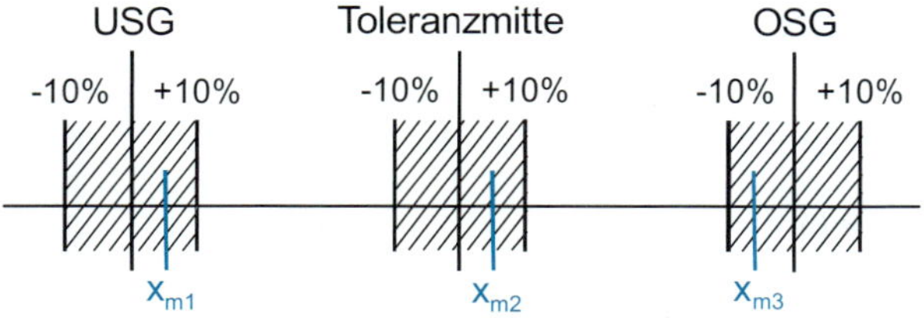

Abb. 4-21: Lage der Referenzteile

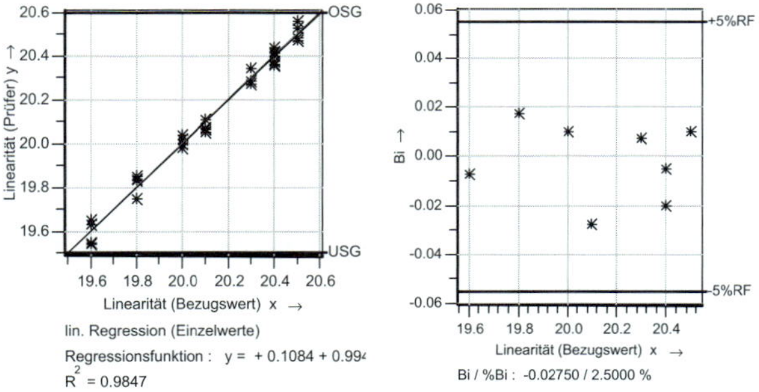

Abb. 4-22: Linearitätsdiagramme

4.4.3 Beurteilung der Linearität

Die Linearität wird anhand der systematischen Messabweichung Bi beurteilt. Für jedes Normal i gilt:

$$Bi_i = (\overline{x}_g)_i - (x_m)_i$$

Die an jedem Normal ermittelte systematische Messabweichung sollte z.B. dem Betrag nach kleiner gleich 5% der Toleranz sein. In diesem Fall lautet die allgemeine Forderung für Bi:

$$-5\% \cdot T \leq \%Bi \leq 5\% \cdot T$$

Hinweis:

Die Streuung des Messsystems ist bei dieser Betrachtung nicht berücksichtigt. Soll diese in die Beurteilung mit einbezogen werden, ist für jedes Normal eine Betrachtung nach Verfahren 1 durchzuführen.

4.4.4 Alternative Verfahren

4.4.4.1 Untersuchung an der Spezifikationsgrenze

Oftmals können aus wirtschaftlichen Gründen nicht mehr als zwei Normale zur Verfügung gestellt werden. Daher beschränkt man sich auf die Untersuchung an den Spezifikationsgrenzen. Damit sind jeweils ein Normal in der Nähe der unteren bzw. der oberen Spezifikationsgrenze zur Verfügung zu stellen. Anschließend wird mit jedem Normal eine Fähigkeitsuntersuchung gemäß Verfahren 1 durchgeführt.

Hinweis:

Diese Vorgehensweise ist keine Linearitätsuntersuchung, sondern lässt nur eine Aussage über die Eignung an den jeweils betrachteten Stellen zu. Über andere Bereiche kann keine Aussage getroffen werden.

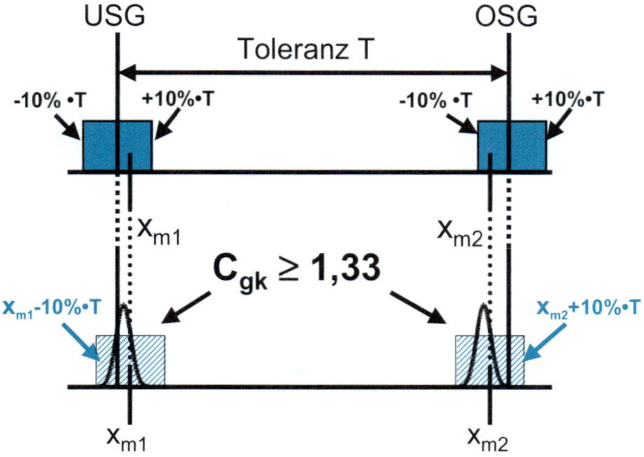

Abb. 4-23: Lage der Referenzteile

4.4.4.2 Test auf signifikanten Achsabschnitt und Steigung

Der Ablauf der Linearitätsstudie nach AIAG Core Tools MSA 3rd Edition [1] ist im folgenden Flussdiagramm dargestellt.

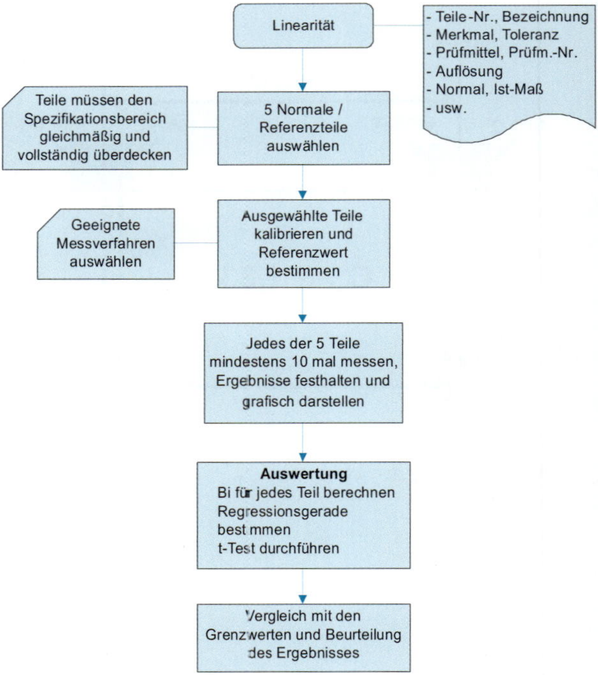

Abb. 4-24: Ablauf Linearität

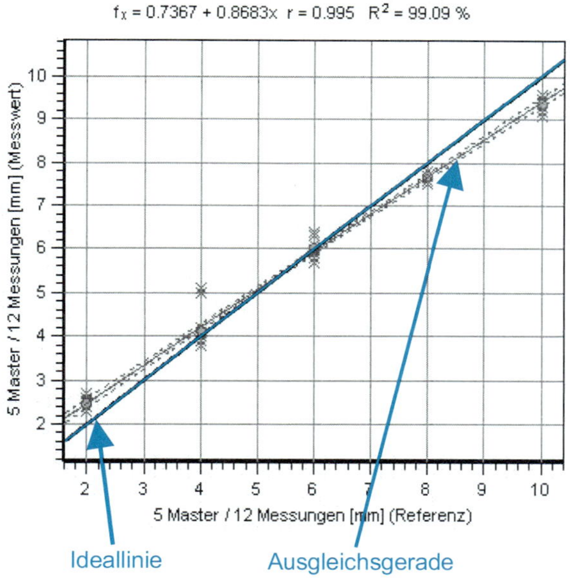

Abb. 4-25: Ausgleichsgerade Messwerte

Der Ablauf unterscheidet sich bis auf die Auswertung nicht von der klassischen Vorgehensweise.

In Abb. 4-26 sind die Werte der systematischen Messabweichung mit der Ausgleichsgeraden eingetragen. Die Ideallinie ist die waagrechte Null Linie.

Für den t-Test werden die Prüfgrößen für Achsabschnitt und Steigung errechnet. Im nächsten Schritt werden kritische Werte der t-Verteilung aus dem Freiheitsgrad und dem Vertrauensniveau gebildet.

Sind die Prüfgrößen kleiner oder gleich dem kritischen Wert, so sind die Anforderungen erfüllt, das heißt, es besteht kein Linearitätsproblem.

Abb. 4-27 zeigt die Ausgabe, wenn die Bedingungen nicht erfüllt sind.

Vor- und Nachteile des Verfahrens

Das Verfahren kann ohne Vorgabe einer Bezugsgröße (z.B. der Toleranz) erfolgen.

Der Nachteil liegt im komplexen mathematischen Aufbau, der nicht mehr auf einfache Weise transparent darstellbar ist. Weiterhin ist das Ergebnis schwer zu interpretieren und liefert wenig Hinweise auf praktische Verbesserungsmaßnahmen.

Je geringer die Streuung der Messwerte, desto kleiner werden Vertrauensbereiche. Das heißt, eine gegebene Abweichung wird bei kleiner Messsystemstreuung eher als signifikant beurteilt als bei großer Messsystemstreuung.

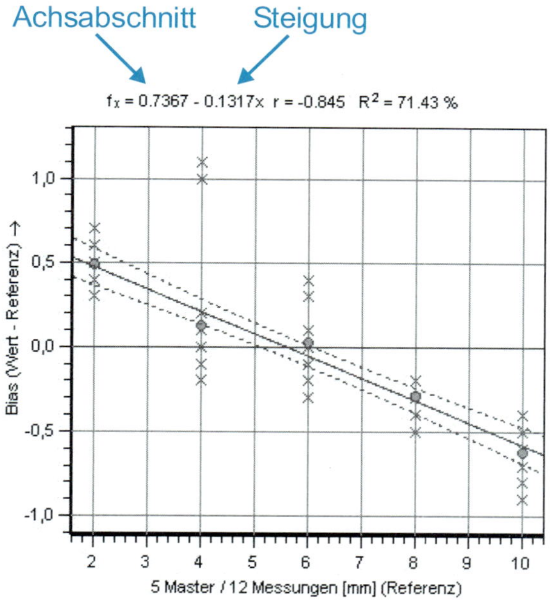

Abb. 4-26: Ausgleichsgerade Bias

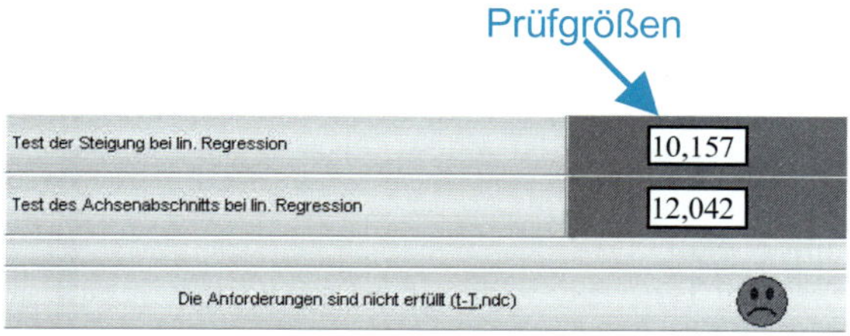

Abb. 4-27: t–Test Ergebnis

5 Beurteilung Messprozess

5.1 Verfahren 2: %R&R – Methode mit Bedienereinfluss

R&R bzw. GRR ist die Abkürzung für Gage Repeatability & Reproducibility, also die Wiederhol- und Vergleichspräzision des Messprozesses.

Die Wiederholpräzision zeigt im wesentlichen den Geräteeinfluss auf, die Vergleichspräzision den Prüfereinfluss.

Das Verfahren 2 darf nur nach erfolgreichem Nachweis der Eignung aus Verfahren 1 durchgeführt werden.

5.1.1 Ablauf

Eine Übersicht zeigt das abgebildete Flussdiagramm. Dabei sind folgende Einzelheiten zu beachten:

1. Schritt:

Festlegung der Anzahl Prüfer ($k \geq 2$), der Prüfobjekte ($n \geq 5$), die möglichst über den Toleranzbereich verteilt sind und die Anzahl der Messungen pro Prüfer ($r \geq 2$). Dabei muss gelten: $k \cdot r \cdot n \geq 30$.

Standardfall:
2 Prüfer, 10 Teile mit 2 Messreihen pro Prüfer (nach MSA [1]: 3 Prüfer und 3 Messreihen).

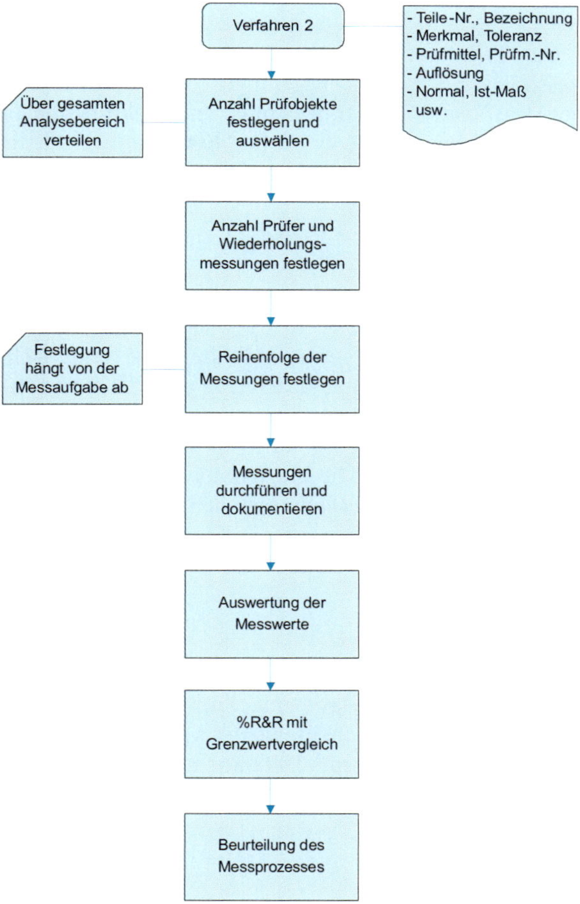

Abb. 5-1: Ablauf Verfahren 2

2. Schritt:

Die Teile werden nummeriert. Um den Einfluss des Messobjekts, z.B. die Teilegeometrie, auszuschließen, wird die Messposition gekennzeichnet und dokumentiert. Die Umgebungsbedingungen (z.B. Temperatur, Bediener, Schwingungen usw.) sind ebenfalls zu dokumentieren.

3. Schritt:

Der erste Bediener stellt die Messeinrichtung ein und ermittelt die Merkmalswerte der Teile in der durch die Nummerierung vorgegebenen Reihenfolge und nach der gültigen Vorschrift unter Beachtung der Messposition. Die Messwerte werden dokumentiert. In derselben Reihenfolge ermittelt der erste Bediener die Merkmalswerte der Messobjekte ein zweites Mal. Die Messergebnisse der zweiten Messung dürfen von den Ergebnissen der ersten Messung nicht beeinflusst werden. Während der Durchführung der Untersuchung sind Veränderungen an der Messeinrichtung nicht zulässig.

Hinweis:
Die Vorgehensweise stellt eine Empfehlung dar. Je nach Messaufgabe ist die Reihenfolge des Messablaufs in Absprache zwischen Kunde und Lieferant individuell festzulegen und entsprechend zu dokumentieren.

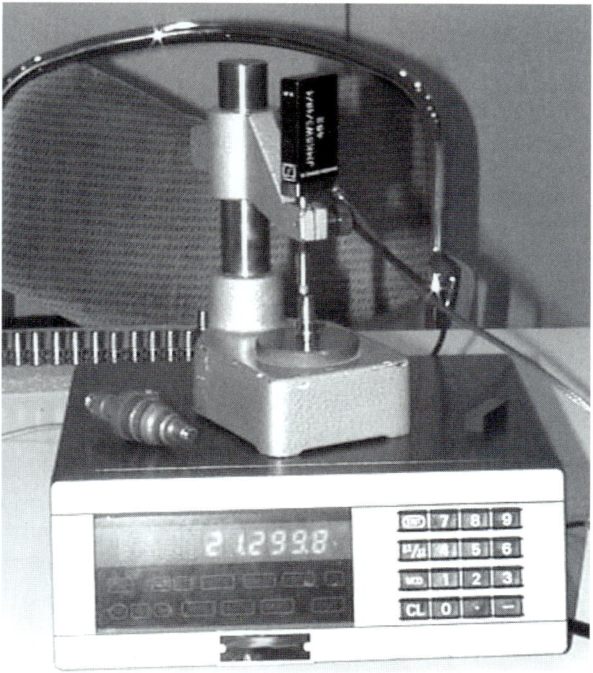

Abb. 5-2: Messaufbau Verfahren 2

4. Schritt:

Schritt 3 ist mit jedem weiteren Prüfer zu wiederholen. Die jeweiligen Messergebnisse sollten während der Durchführung der Messung den anderen Prüfern nicht bekannt sein. Um den Einfluss von Umgebungsbedingungen zu verringern, kann es sinnvoll sein, dass alle Prüfer nacheinander die erste Messung durchführen. Danach werden in gleicher Reihenfolge die zweiten Messungen durchgeführt. Abb. 5-4 zeigt die Bildschirmmaske zur Werteerfassung nach Eingabe aller Messwerte von drei Gerätebedienern.

5.1.2 Grafische Beurteilung

Falls der Prüfer Einfluss auf das Messergebnis hat, ist der Vergleich von Prüfern untereinander von größter Bedeutung. Wurden bereits bei der Fähigkeitsuntersuchung Abweichungen zwischen den Prüfern festgestellt, muss im realen Einsatz mit erheblichen Problemen mit diesem Messverfahren gerechnet werden. Von daher sollte durch konstruktive Maßnahmen bzw. Hilfsvorrichtungen der Einfluss des Prüfers auf ein Minimum reduziert werden.

Zur Beurteilung dieser Situation stehen mehrere grafische Darstellungen zur Verfügung, wie z.B. das Abweichungsdiagramm, das Differenzendiagramm, die vergleichende Darstellung im Histogramm und die Qualitätsregelkarte (R- oder s-Karte).

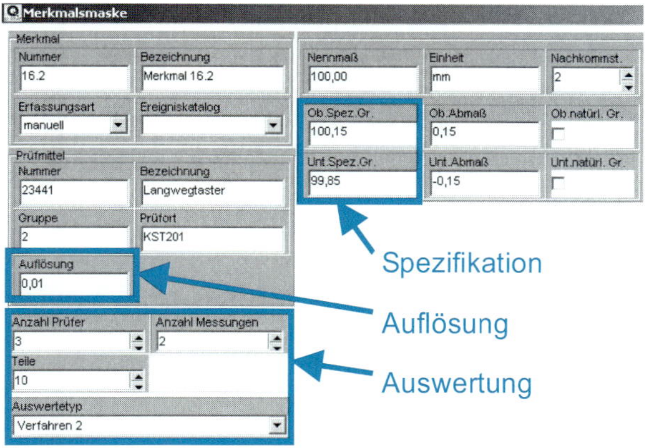

Abb. 5-3: Merkmalsmaske Verfahren 2

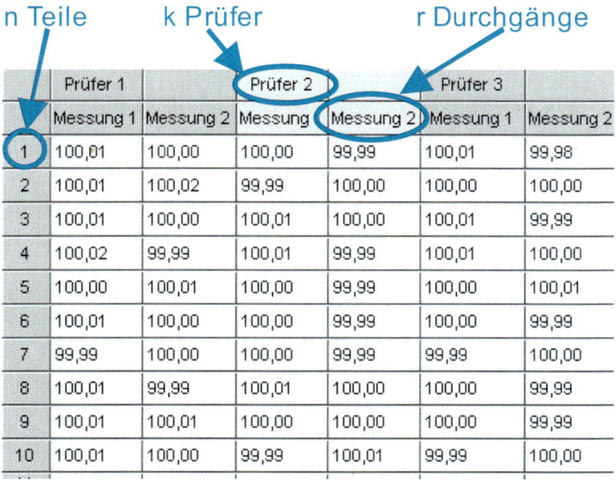

	Prüfer 1		Prüfer 2		Prüfer 3	
	Messung 1	Messung 2	Messung	Messung 2	Messung 1	Messung 2
1	100,01	100,00	100,00	99,99	100,01	99,98
2	100,01	100,02	99,99	100,00	100,00	100,00
3	100,01	100,00	100,01	100,00	100,01	99,99
4	100,02	99,99	100,01	99,99	100,01	100,00
5	100,00	100,01	100,00	99,99	100,00	100,01
6	100,01	100,00	100,00	99,99	100,00	99,99
7	99,99	100,00	100,00	99,99	99,99	100,00
8	100,01	99,99	100,01	100,00	100,00	99,99
9	100,01	100,01	100,00	100,00	100,00	99,99
10	100,01	100,00	99,99	100,01	99,99	100,00

Abb. 5-4: Werteerfassung Verfahren 2

Für einen sinnvollen Vergleich werden in vielen Grafiken nur die Abweichungen zum Gesamtmittelwert des jeweiligen Teiles dargestellt (siehe nebenstehende Tabelle). Der Gesamtmittelwert ergibt sich aus allen Messungen der Prüfer zu einem Teil (3 Prüfer, 2 Messungen: 6 Messungen pro Teil).

Im Abweichungsdiagramm werden die Messwerte nach Prüfern sortiert und in Messwertreihen dargestellt.

Im sogenannten Differenzendiagramm werden die Abweichungen der Messwerte nach Teilen sortiert und alle Werte eines Teils in einem Block dargestellt. Sind in dieser Darstellung größere Streuungen bei einem Teil zu erkennen, deutet dies auf Inhomogenität des Messobjektes hin. Die Teilestreuung lässt sich in der Regel reduzieren, indem Wiederholmessungen an der gleichen Messposition durchgeführt werden.

Die Histogramme in Abb. 5-6 zeigen eine typische Darstellung der QS 9000. Sie zeigen die Streuung und Lage der Messwerte nach Prüfern sortiert bezogen auf die Referenz- oder Teilmitte an.

Eingezeichnet sind bei allen Diagrammen Grenzwerte, die sich aus der Forderung %R&R ≤ 20% bzw. 30% ergeben.

Teil n	$\bar{x}_n$	$x_{A;1} - \bar{x}_n$	$x_{A;2} - \bar{x}_n$	$x_{B;1} - \bar{x}_n$	$x_{B;2} - \bar{x}_n$	...
1	99,998	0,012	0,002	0,002	-0,008	...
2	100,003	0,007	0,017	-0,013	-0,003	...
3	100,003	0,007	-0,003	0,007	-0,003	...
...	...	...	...	...	...	...

Abweichungen zum Gesamtmittelwert des Teils

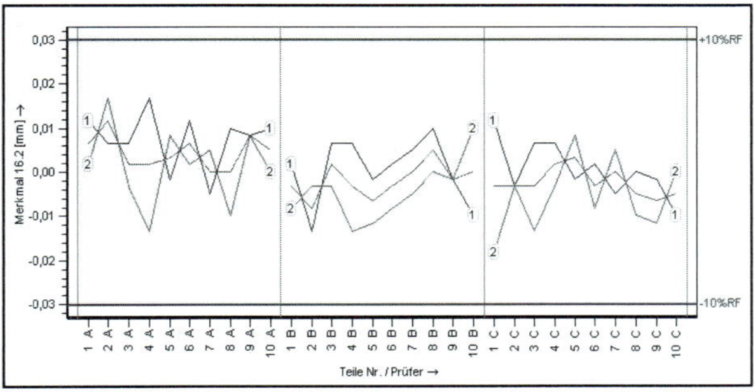

Abweichungsdiagramm

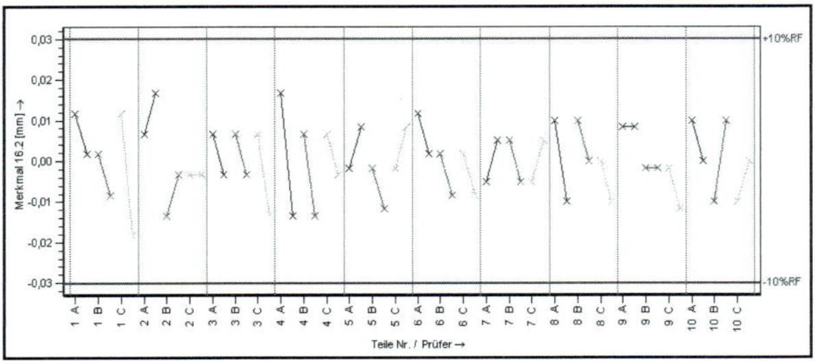

Differenzendiagramm

Abb. 5-5: *Vergleich der Prüfer*

5.1.3 Auswertung nach der ARM – Methode

Die Berechnungen erfolgen bei dieser Methode über Mittelwerte und Spannweiten (ARM = Average and Range Method).

5. Schritt

Ermittlung der Spannweiten R_{1i} aus den Ergebnissen des Prüfers 1 pro Messobjekt und der mittleren Spannweite $\overline{R}$ für Prüfer 1.

$$R_{1i} = x_{1max\,i} - x_{1min\,i} \qquad i = 1, 2, 3, ..., n$$

$$\overline{R}_1 = \frac{1}{n}\sum R_{1i}$$

6. Schritt

Berechnung des Mittelwertes $\overline{x}_1$, der Einzelwerte und der mittleren Spannweite $\overline{R}_1$ aus den Messreihen des Prüfers 1.

$$\overline{x}_1 = \frac{1}{n \cdot r}\sum_{i=1}^{n \cdot r} x_{1i} \qquad i = 1, 2, 3, ..., n \cdot r$$

7. Schritt

Schritt 5 und 6 sind für jeden weiteren Prüfer zu wiederholen.

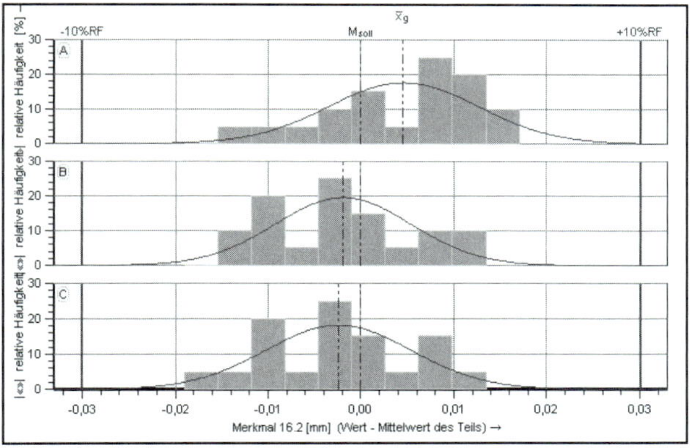

Abb. 5-6: Histogramm prüferbezogen

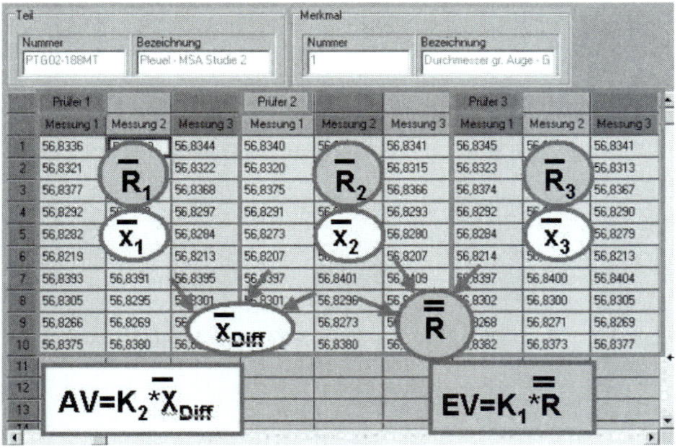

Abb. 5-7: Kennwerte Verfahren 2

8. Schritt

Berechnung der Wiederholpräzision des Messsystems EV (Equipment Variation / Repeatability)

$EV = K_1 \cdot \bar{\bar{R}}$ mit $\bar{\bar{R}}$ Mittelwert der mittleren Spannweiten

$\bar{\bar{R}} = \frac{1}{m}\sum_{i=1}^{m} R_i$ $i = 1, 2, 3, \ldots, m$

9. Schritt

Berechnung der Vergleichspräzision des Messsystems AV (Appraiser Variation /Reproducibility)

$$\bar{x}_{Diff} = \bar{x}_{max} - \bar{x}_{min}$$

$$AV = K_2 \cdot \bar{x}_{Diff}$$

Hinweis:

Die K_1- und K_2-Faktoren sind dem Kapitel 7.4 zu entnehmen.

10. Schritt

Berechnung der Wiederhol- und Vergleichspräzision GRR bzw. R&R (Repeatability & Reproducibility)

$$R\&R \text{ bzw. } GRR = \sqrt{EV^2 + AV^2}$$

$$\%R\&R = \frac{R\&R}{T} \cdot 100\%$$

K-Faktoren

$$K = \frac{5{,}152}{d_2^*}$$

für 99% Streubereich

$$K = \frac{1}{d_2^*}$$

für AIAG Core Tools MSA 3rd Edition

d_2^* aus Tabelle Kap. 7.4

Abb. 5-8: Ermittlung K - Faktoren

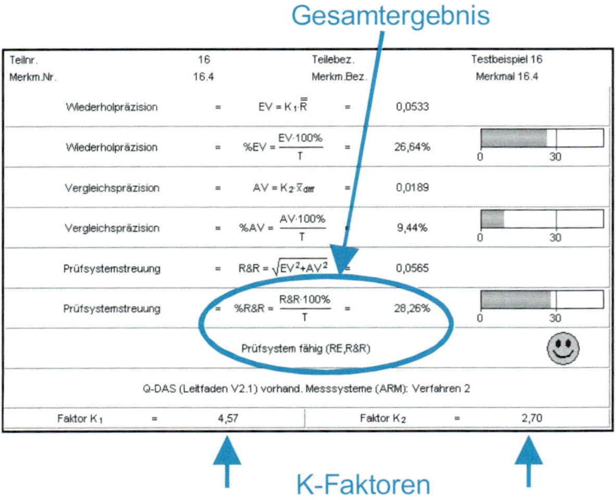

Abb. 5-9: Ergebnisse Verfahren 2 (ARM – Methode)

Beurteilung des Ergebnisses:

I. Fall: %R&R ≤ 20% für neue Messsysteme

II. Fall: %R&R ≤ 30% für Messsysteme im Einsatz

Das Messsystem ist geeignet.

Tritt bei einem oder mehreren Prüfern der Fall $\overline{R}=0$ auf, so ist dies zu begründen. Dieser Fall kann z.B. unter folgenden Bedingungen auftreten:

- Die Auflösung der Messeinrichtung reicht nicht aus, um die Einflüsse zu erkennen.
- Fehler in der Messeinrichtung (z.B. Messtaster klemmt).

III. Fall: %R&R > 20% bzw. 30%

Das Messsystem ist nicht geeignet.

Der Einfluss der Prüfer und/oder die Messstreuung sind durch geeignete Maßnahmen zu reduzieren, bis die Forderung erfüllt ist. Eventuell ist ein anderes Messverfahren oder eine bessere Schulung der Prüfer notwendig (siehe hierzu auch Vorgehensweise „Nicht fähige Messsysteme“).

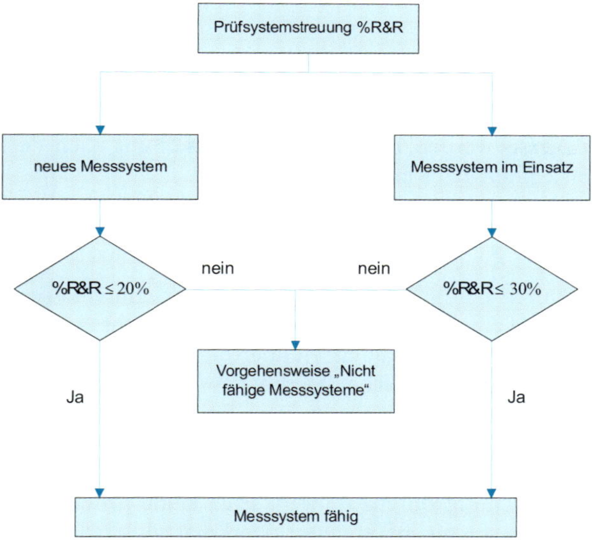

Abb. 5-10: Beurteilung %R&R

Anmerkung:

Durch Umstellung der Ungleichung %R&R ≤ 20% bzw. 30% kann der kleinste zulässige Betrag der Toleranzvorgabe errechnet werden, für die die Messeinrichtung nach Verfahren 2 eingesetzt werden kann.

$T_{min} = 5 \cdot R\&R$ bei neuen Messsystemen

$T_{min} = 10/3 \cdot R\&R$ bei Messsystemen im Einsatz

Durch den hier betrachteten Umkehrschluss lassen sich solche Fähigkeitsuntersuchungen sehr leicht auf andere oder ähnliche Messaufgaben übertragen. So kommt es häufig vor, dass ähnliche Merkmale (z.B. unterschiedliche Durchmesser oder Längen von ähnlichen Teilen) mit ein und demselben Messverfahren beurteilt werden. In diesem Fall kann es ausreichend sein, nur für ein Merkmal die Untersuchung durchzuführen. Falls keine großen Abweichungen zu einem anderen Merkmal zu erwarten sind, kann das Ergebnis der Fähigkeitsuntersuchung auch für das nicht untersuchte Merkmal übernommen werden, wenn die hier errechnete minimale Toleranzgrenze nicht unterschritten wird.

Fallbeispiel:
Eine Fähigkeitsuntersuchung ergibt zum Beispiel:
%R&R = 14,3%

Damit errechnet sich bei gleichen Bedingungen eine minimale Toleranz:
$T_{min} = 5 \cdot R\&R$
bei neuen Messsystemen.

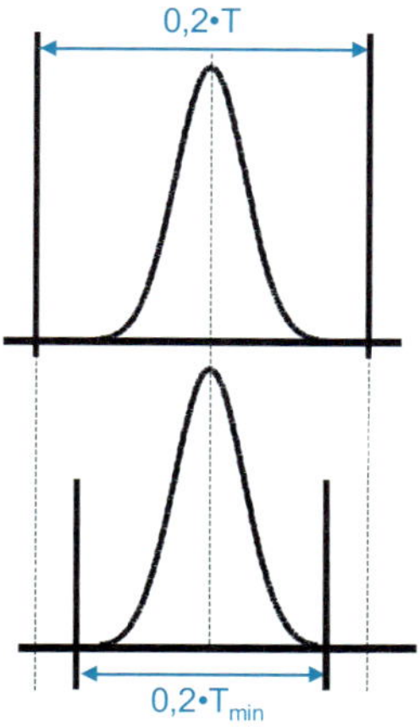

Abb. 5-11: Messsystem geeignet bis T_{min}

5.1.4 Auswertung nach der ANOVA-Methode

Die Messwerterfassung ist bei der ANOVA-Methode (Varianzanalyse) identisch mit der ARM-Methode. Die Auswertung ist jedoch wesentlich komplexer und kann nur noch mit sehr großem Aufwand manuell erfolgen. Das ANOVA-Verfahren ist beim Einsatz von qs-STAT®/solara® der ARM-Methode vorzuziehen. Es ist aus mathematischer Sicht das genauere Verfahren und in der Lage, die Streuungskomponenten in folgende Gruppen separat auszuweisen:

- Wiederholpräzision Messsystem
- Vergleichspräzision Prüfer
- Wechselwirkung („Prüfer misst Teil")
- %R&R
- Teilestreuung

Die separate Ausweisung der einzelnen Streuungskomponenten lässt bessere Rückschlüsse auf Fehlerursachen zu. Dadurch können Verbesserungsmaßnahmen leichter abgeleitet werden.

Die Interpretation der Ergebnisse ist mit der ARM-Methode vergleichbar.

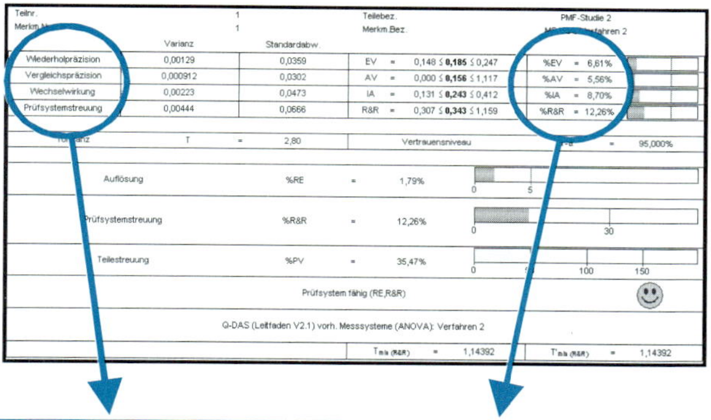

Wiederholpräzision	%EV	Equipment Variation
Vergleichspräzision	%AV	Appraiser Variation
Wechselwirkung	%IA	Interaction
Prüfsystemstreuung	%R&R	Repeatability & Reproducibility

Abb. 5-12: Ergebnisse Verfahren 2 (ANOVA – Methode)

5.1.5 Dokumentation der Untersuchung

Bericht über ein Merkmal

Das Ergebnis der Fähigkeitsuntersuchung ist umfassend zu dokumentieren. Dazu gehören:

- Kopfdaten zur Identifikation des Messverfahrens und Zuordnung zu der jeweiligen Messaufgabe
- Numerische Werte sowie deren grafische Darstellung
- Zusammenfassung der statistischen Kennwerte
- Beurteilung des Ergebnisses sowie die verwendete Auswertemethodik
- Unterschrift mit Datum, um die korrekte Durchführung zu dokumentieren.
- Identifikation des Dokumentes (Auswertung, Dateiname, Firmenname, Druckstatus, Versionsnummer).

Hinweise:

Da die numerischen Ergebnisse und Messwerte in tabellarischer Form eher einen „Zahlenfriedhof“ darstellen, sollten die Einzelwerte auf jeden Fall in Form eines Werteverlaufs visualisiert werden. Ausreißer, Trends oder größere Schwankungen können so sehr schnell erkannt werden. Für den besseren Überblick empfiehlt es sich auch, die numerischen Ergebnisse in Form eines Balkendiagramms im Vergleich zu den Forderungen darzustellen.

Messsystemanalyse

Q-DAS® — Seite 2 / 4

Akt. Dat. 06.01.2005	Bearb.Name.	Abt./Kst./Prod.	Prüfort Feinzeiger

Prüfmittel	Teil	Merkmal
Prfm.Bez. Prfm.Nr. Prfm.Aufl. 0,01 Prüfgrnd.	Teilebez. Testbeispiel 16 Teilnr. 16	Merkm.Bez. Merkmal 16.2 Merkm.Nr. 16.2 Nennm. 100,00 OSG 100,15 ≙ 0,15 Einh. mm USG 99,85 ≙ -0,15

Bemerkung

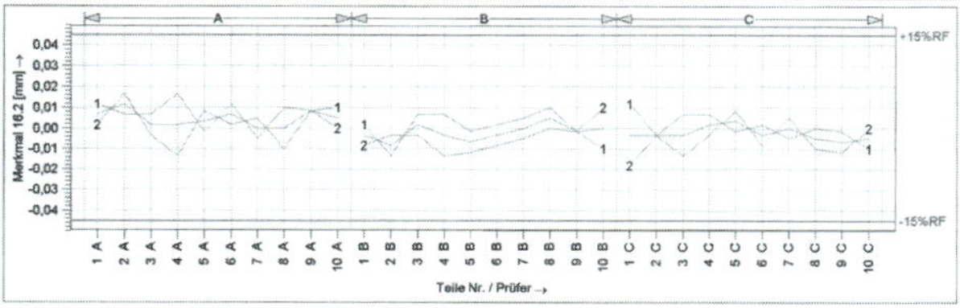

n	$x_{A;1}$	$x_{A;2}$	$\bar{x}_{gi}$	R_{gi}	$x_{B;1}$	$x_{B;2}$	$\bar{x}_{gi}$	R_{gi}	$x_{C;1}$	$x_{C;2}$	$\bar{x}_{gi}$	R_{gi}	$\bar{x}_{gn}$	s_{gn}
1	100,01	100,00	100,005	0,01	100,00	99,99	99,995	0,01	100,01	99,98	99,995	0,03	99,9983	0,013550
2	100,01	100,02	100,015	0,01	99,99	100,00	99,995	0,01	100,00	100,00	100,000	0,00	100,0033	0,0054201
3	100,01	100,00	100,005	0,01	100,01	100,00	100,005	0,01	100,01	99,99	100,000	0,02	100,0033	0,010840
4	100,02	99,99	100,005	0,03	100,01	99,99	100,000	0,02	100,01	100,00	100,005	0,01	100,0033	0,016260
5	100,00	100,01	100,005	0,01	100,00	99,99	99,995	0,01	100,00	100,01	100,005	0,01	100,0017	0,0081301
6	100,01	100,00	100,005	0,01	100,00	99,99	99,995	0,01	100,00	99,99	99,995	0,01	99,9983	0,0081301
7	99,99	100,00	99,995	0,01	100,00	99,99	99,995	0,01	99,99	100,00	99,995	0,01	99,9950	0,0081301
8	100,01	99,99	100,000	0,02	100,01	100,00	100,005	0,01	100,00	99,99	99,995	0,01	100,0000	0,010840
9	100,01	100,01	100,010	0,00	100,00	100,00	100,000	0,00	100,00	99,99	99,995	0,01	100,0017	0,0027100
10	100,01	100,00	100,005	0,01	99,99	100,01	100,000	0,02	99,99	100,00	99,995	0,01	100,0000	0,010640

Wiederholpräzision	=	$EV = K_1 \cdot \bar{\bar{R}}$	=	0,053283
Wiederholpräzision	=	$\%EV = \frac{EV \cdot 100\%}{T}$	=	17,76% (0 … 30)
Vergleichspräzision	=	$AV = K_2 \cdot \bar{x}_{diff}$	=	0,018880
Vergleichspräzision	=	$\%AV = \frac{AV \cdot 100\%}{T}$	=	6,29% (0 … 30)
Prüfsystemstreuung	=	$R\&R = \sqrt{EV^2 + AV^2}$	=	0,056529
Prüfsystemstreuung	=	$\%R\&R = \frac{R\&R \cdot 100\%}{T}$	=	18,84% (0 … 30)

Prüfsystem fähig (RE,R&R)

Q-DAS (Leitfaden V2.1) vorhand. Messsysteme (ARM): Verfahren 2

$T_{min\,(R\&R)}$ 0,18843 $T'_{min\,(R\&R)}$ 0,18843

Faktor K_1 = 4,5671 Faktor K_2 = 2,6972 Faktor K_3 = 1,6200

Datum ______ Unterschrift ______ Abteilung ______

Abb. 5-13: Ausdruck Gesamtergebnis Verfahren 2 ARM

Bericht bei mehreren Merkmalen

Für eine effiziente Beurteilung eines Teils mit mehreren Merkmalen empfiehlt sich zunächst, eine komprimierte Darstellung am Bildschirm anzuzeigen oder ausdrucken zu lassen. Diese sollte die wichtigsten statistischen Kennwerte in tabellarischer Form bzw. in grafischer Form zeigen. Die statistischen Kennwerte wie EV, AV und R&R werden in einem sogenannten Balkendiagramm visualisiert. Durch entsprechende farbliche Markierung der Balken kann so schnell ermittelt werden, welche Merkmale den Eignungsnachweis nicht bestanden haben. Anschließend sind die nicht fähigen Merkmale separat zu analysieren.

In der tabellarischen Form kann zur besseren Entscheidungsfindung das Ergebnis mittels eines farbigen Symbols („Smiley“) hervorgehoben werden.

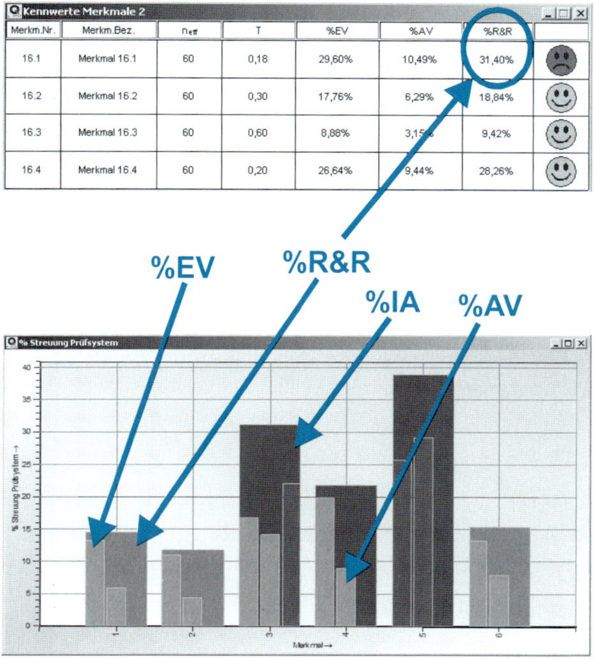

Kennwerte Merkmale 2

Merkm.Nr.	Merkm.Bez.	n eff	T	%EV	%AV	%R&R	
16.1	Merkmal 16.1	60	0,18	29,60%	10,49%	31,40%	
16.2	Merkmal 16.2	60	0,30	17,76%	6,29%	18,84%	
16.3	Merkmal 16.3	60	0,60	8,88%	3,15	9,42%	
16.4	Merkmal 16.4	60	0,20	26,64%	9,44%	28,26%	

Abb. 5-14: Ergebnisübersicht %R&R

5.1.6 Auswertung nach MSA 3rd Edition

5.1.6.1 Änderungen im Überblick

Zur Beurteilung des Messsystems werden die Kennwerte %GRR (=%R&R) und ndc herangezogen.

Wichtige Änderungen der MSA in der ARM-Methode betreffen die Forderungen an %GRR, sowie geänderte K-Faktoren. Weiterhin wird bei der Berechnung der Vergleichspräzision ein Korrekturwert für die Wiederholpräzision berücksichtigt (Abb. 5-15).

Die Berechnungsweise der %-Kennwerte ist in Kapitel 5.1.6.3 dargestellt.

5.1.6.2 Kennwert ndc

Unter ndc (number of distinct categories) versteht man die Anzahl der unterscheidbaren Kategorien (Klassen), die durch ein Messsystem noch unterschieden werden können.

$$ndc = 1{,}41 \cdot \left(PV/GRR\right)$$

Das Ergebnis ist auf die nächste ganze Zahl abzurunden.

Berechnung der Teilestreuung PV (Part Variation)

$PV = R_p \cdot K_3$ $\quad K_3$ aus Tabelle d_2^*

R_p = Spannweite aus $\overline{x}_{pi}$ mit $i = 1 \ldots n$

$\overline{x}_{pi}$ = Mittelwert der Messergebnisse des i-ten Teiles

Änderungen nach MSA 3rd Edition

%GRR	Forderung
(1) $0 \le \%GRR < 10\%$	Messgerät geeignet
(2) $10\% \le \%GRR \le 30\%$	Messgerät bedingt geeignet. Ob es akzeptabel ist, hängt von der Bedeutung der Messaufgabe und den Kosten des Messsystems ab.
(3) $30\% < \%GRR$	Messgerät nicht geeignet. Fehler sind zu analysieren.

K-Faktoren $1/d_2^*$ d_2^* aus Tabelle

Vergleichspräzision

$$AV = \sqrt{\left(\bar{x}_{Diff} \cdot K_2\right)^2 - \left[\frac{EV^2}{n \cdot r}\right]}$$

n = Anzahl Prüfobjekte

r = Anzahl Wiederholungen

Abb. 5-15: Änderungen MSA 3. im Überblick

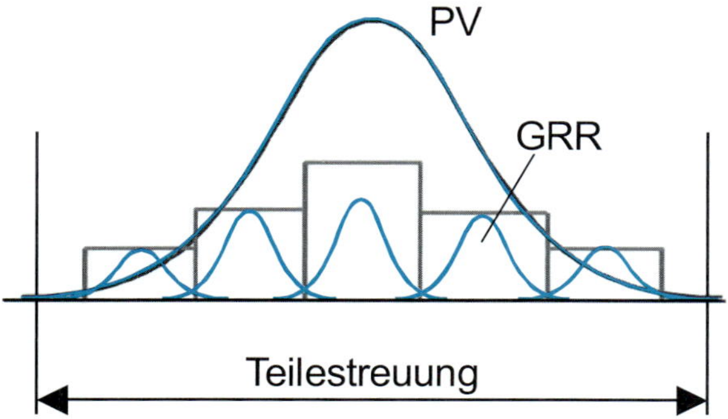

Abb. 5-16: ndc teilebezogen

Toleranzbezogene Betrachtung

Grundsätzlich kann es sinnvoll sein, die Streuung des Prüfsystems ins Verhältnis zur Prozessstreuung (Teilestreuung) zu setzen.

Die Praxis hat aber gezeigt, dass es häufig sehr schwierig ist genügend Teile zu bekommen, die den Prozessstreubereich abdecken. Dadurch wird das Ergebnis verfälscht. In vielen Fällen ist die Prozessstreuung noch nicht bekannt, sei es weil das zur Messung notwendige Messsystem erst beschafft wird oder der Prozess noch in der Planung ist.

Um diese Problematik zu umgehen, ist es sinnvoller, als Bezugsgröße die Merkmalstoleranz zu wählen:

$$ndc = 1{,}41 \cdot \left(T/R\&R\right) = \left(1{,}41/\%R\&R\right) \cdot 100\%$$

Damit ist ndc umgekehrt proportional zu %R&R. Für %R&R $\leq$ 10% gilt somit ndc $\leq$ 15. Diese Anforderung birgt allerdings keine Mehrinformation und kann vernachlässigt werden.

ndc und Auflösung (RE):

Die „Anzahl der unterscheidbaren Datenkategorien“ ndc wird oft auch als „effektive Auflösung“ bezeichnet. Im Gegensatz zur Auflösung der Anzeige RE (siehe Kapitel 4.1) enthält ndc die Gesamtstreuung des Systems und kann erst im Zusammenhang mit Verfahren 2 ermittelt werden. Die Auflösung RE kann in der Vorauswahl schon beurteilt werden und stellt sicher, dass die Auflösung nicht das begrenzende Element des Systems darstellt. ndc kommt dem qualitativen Begriff der „Genauigkeit“ näher als die damit oftmals verwechselte Auflösung RE.

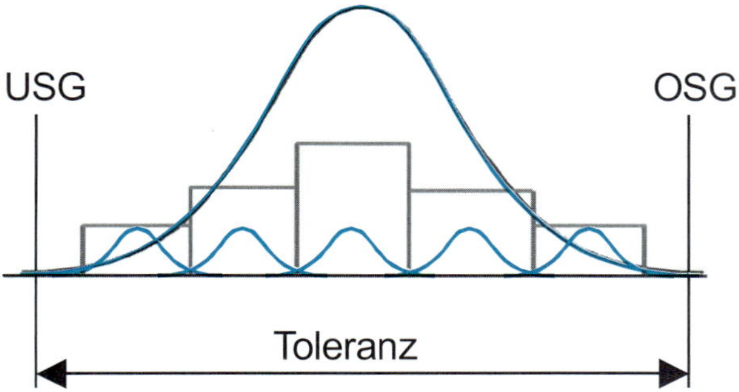

Abb. 5-17: ndc toleranzbezogen

Wiederholpräzision	=	$EV = K_1 \cdot \bar{\bar{R}}$	=	0,010339	
Wiederholpräzision	=	$\%EV = 6 \cdot \frac{EV \cdot 100\%}{T}$	=	20,68%	0 10 30
Vergleichspräzision	=	$AV = \sqrt{(K_2 \cdot \bar{x}_{diff})^2 - (EV^2/(n \cdot r))}$	=	0,0028399	
Vergleichspräzision	=	$\%AV = 6 \cdot \frac{AV \cdot 100\%}{T}$	=	5,68%	0 10 30
Prüfsystemstreuung	=	$GRR = \sqrt{EV^2 + AV^2}$	=	0,010722	
Prüfsystemstreuung	=	$\%GRR = 6 \cdot \frac{GRR \cdot 100\%}{T}$	=	21,44%	0 10 30
Teilestreuung	=	$PV = K_3 \cdot R_p$	=	0,0026213	
Teilestreuung	=	$\%PV = 6 \cdot \frac{PV \cdot 100\%}{T}$	=	5,24%	0 50 100 150
Zahl d. unterscheidb. Messwertklassen (ndc)	=	ndc	=	0	0 5
Die Anforderungen sind nicht erfüllt (%GRR,ndc)					
QS-9000 MSA (3 Edition) ARM - Toleranz: Verfahren 2					
T_{mh} (%GRR) 0,64333		T'_{mh} (%GRR) 0,21444			
Faktor K_1 = 0,8862		Faktor K_2 = 0,5231		Faktor K_3 = 0,3146	

Abb. 5-18: Ergebnis Verfahren 2 nach MSA 3.

5.1.6.3 Kennwerte in Bezug setzen

Die oben definierten Kenngrößen sind Rechenergebnisse, die aus den erfassten Messwerten ermittelt werden. Um die Eignung für den konkreten Einsatzfall beurteilen zu können, sind die Ergebnisse ins Verhältnis zu einer Bezugsgröße (RF = Reference Figure) zu setzen.

Die Bezugsgrößen RF können sein:

- die Gesamtstreuung mit Teilestreuung (Total Variation TV)

$$RF = TV = \sqrt{GRR^2 + PV^2}$$

- die Gesamtstreuung aus der Prozessstreuung

$$RF = n \cdot \sigma_p$$

mit $n = 1$ nach MSA 3rd Edition [1]

$n = 6$ für 99,73% Streubereich

- die Toleranz T des Merkmals.

$$RF = \frac{T}{n}$$

mit $n = 6$ nach MSA 3rd Ed. [1]

$n = 1$ für die meisten älteren Richtlinien

Die ersten beiden Möglichkeiten sind in der Praxis oft nicht umsetzbar, da man weder die Prozessstreuung kennt, noch genügend Teile zur Verfügung hat, die den gesamten Prozess ausreichend repräsentieren. Daher wird in nahezu allen Leitfäden und den meisten Firmenrichtlinien die Toleranz als fixe Bezugsgröße verwendet.

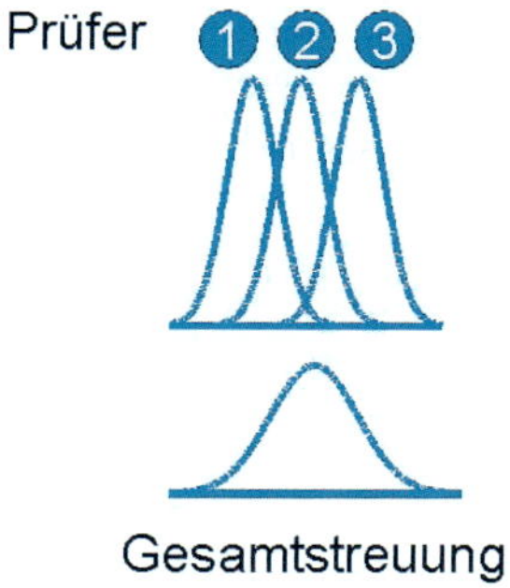

Wiederholpräzision: $$\%EV = \frac{EV}{RF} \cdot 100\%$$

Vergleichspräzision: $$\%AV = \frac{AV}{RF} \cdot 100\%$$

Prüfsystemstreuung: $$\%GRR = \frac{GRR}{RF} \cdot 100\%$$

Teilestreuung: $$\%PV = \frac{PV}{RF} \cdot 100\%$$

Abb. 5-19: Formeln Verfahren 2

5.2 Verfahren 3

5.2.1 Vorbemerkungen

Das Verfahren 3 ist ein Sonderfall des Verfahrens 2 und wird bei Messsystemen angewendet, bei denen kein Bedienereinfluss vorliegt, bzw. der Bedienereinfluss vernachlässigbar klein ist. Dies kann durch konstruktive Maßnahmen oder automatisches Handling erreicht werden. Es gilt AV << EV (Vergleichspräzision << Wiederholpräzision), so dass AV=0 gesetzt werden kann.

Ziel des Verfahrens

Anhand des Kennwertes %EV (hier identisch mit %R&R) wird beurteilt, ob eine Messeinrichtung unter Verwendung von Messobjekten (z.B. Produktionsteilen) unter Betriebsbedingungen und Berücksichtigung des möglichen Einflusses der zu messenden Produktionsteile (Oberflächeneinfluss, Verschmutzung, Temperatureinfluss etc.) für die vorgesehene Messaufgabe geeignet ist.

Voraussetzung

Das Verfahren 3 darf nur nach erfolgreichem Nachweis der Eignung aus Verfahren 1 durchgeführt werden.

Abb. 5-20: Messaufbau Verfahren 3

5.2.2 Ablauf

Das nebenstehende Ablaufdiagramm zeigt den schematischen Ablauf. Im Detail ist zu beachten:

1. Schritt:
Auswahl von Messobjekten ($n \geq 5$), die möglichst über die Toleranz verteilt sind und Festlegung der Anzahl Messungen pro Messobjekt ($r \geq 2$). Dabei muss das Produkt $n \cdot r$ größer gleich 20 sein:

$$n \cdot r > 20$$

Standardfall: 25 Teile mit 2 Messungen pro Messobjekt.

2. Schritt:
Die Teile werden Teile nummeriert. Um den Einfluss des Messobjekts (z.B. Teilegeometrie) auszuschließen, wird die Messposition gekennzeichnet und dokumentiert. Die Einflussgrößen aus der Umgebung (z.B. Temperatur, Schwingungen usw.) sind festzuhalten.

3. Schritt
Der Gerätebediener stellt die Messeinrichtung ein und ermittelt die Messwerte der Messobjekte in der durch die Nummerierung vorgegebenen Reihenfolge und nach der gültigen Vorschrift unter Beachtung der Messposition. Die Messwerte werden dokumentiert.

In derselben Reihenfolge und nach derselben Verfahrensweise ermittelt der Gerätebediener die Merkmalswerte der Teile ein zweites Mal. Die Messergebnisse der zweiten Messung dürfen von den Ergebnissen der ersten Messung nicht beeinflusst werden.

Während der Durchführung der Untersuchung sind Veränderungen an der Messeinrichtung nicht zulässig.

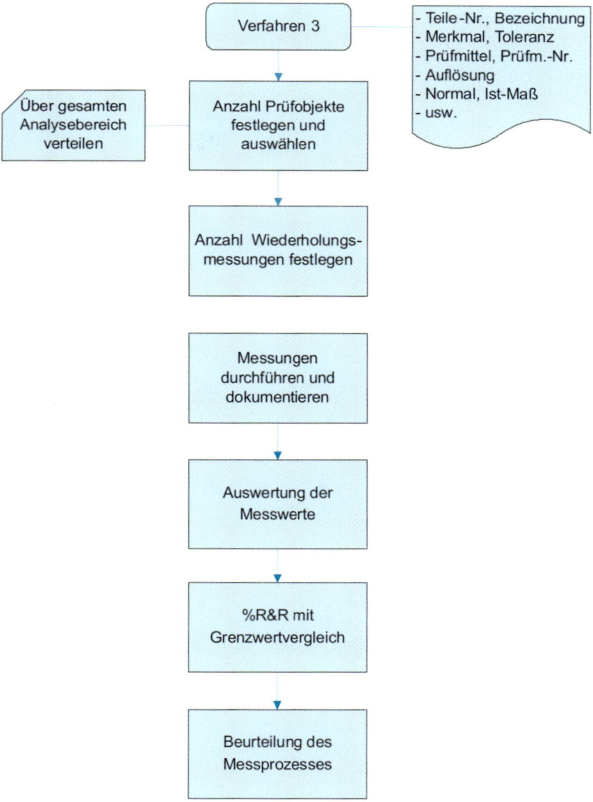

Abb. 5-21: Ablaufdiagramm Verfahren 3

4. Schritt:

Um eine korrekte Auswertung zu erhalten, sind in der Merkmalsmaske folgende Felder auszufüllen (Abb. 5-22):

- Auflösung
- Anzahl Messungen
- Anzahl Teile
- Auswertetyp
- Obere und untere Spezifikationsgrenze

Die weiteren Felder sollten soweit gefüllt werden, dass eine eindeutige Identifikation des Messsystems und der Untersuchung selbst (Grund, Datum, etc.) möglich ist.

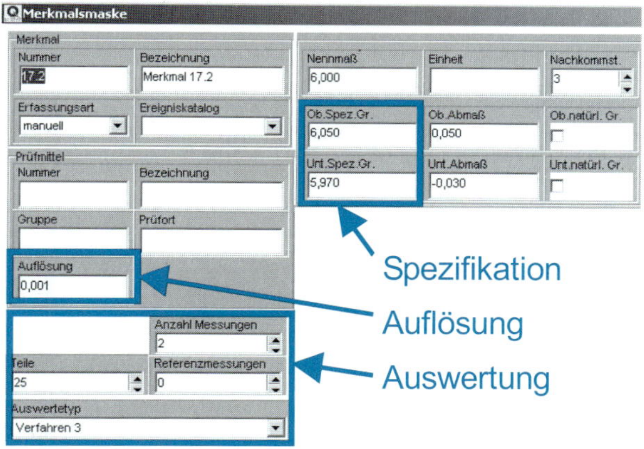

Abb. 5-22: Kopfdaten Verfahren 3

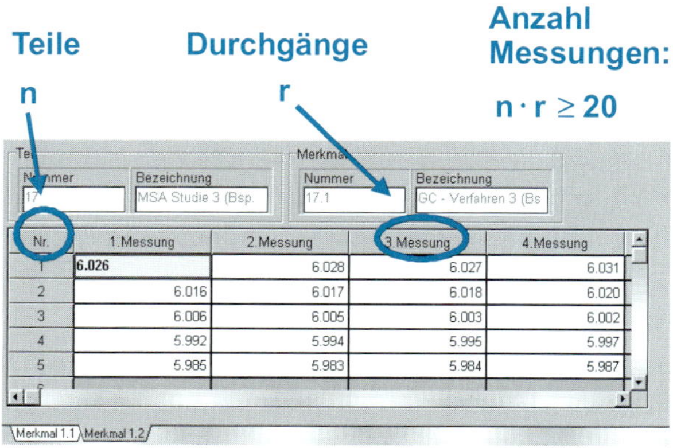

Abb. 5-23: Werteerfassung Verfahren 3

5.2.3 Berechnung

5. Schritt

Ermittlung der Spannweite R_i pro Messobjekt i.

6. Schritt

Berechnung der mittleren Spannweite $\overline{R}$ aus den Ergebnissen der Messungen.

$$\overline{R} = \frac{1}{n} \sum_{i=1}^{n} R_i \qquad i = 1, 2, 3, \ldots, n$$

7. Schritt

Berechnung der Wiederholpräzision des

Messsystems (EV)

$$R\&R = EV = K_1 \cdot \overline{R}$$

mit $\overline{R}$ Mittelwert der Spannweiten

Hinweis:

Die K_1-Faktoren sind dem Kapitel 7.4 zu entnehmen.

$$\%R\,\&\,R = \%EV = \frac{EV}{RF} \cdot 100\%$$

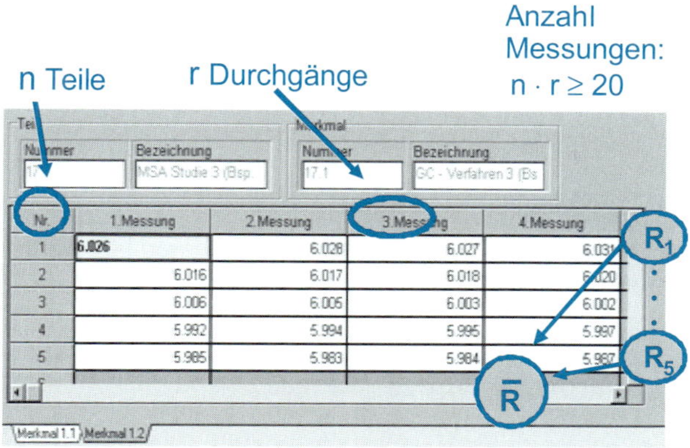

Abb. 5-24: Ermittlung Spannweite

$$EV = K_1 \cdot \overline{R}$$

$$\%R\,\&\,R = \frac{EV}{T} 100\%$$

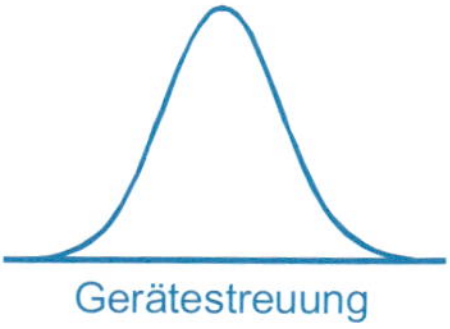

Abb. 5-25: Auswertung Verfahren 3

5.2.4 Beurteilung der Ergebnisse

I. Fall: %R&R=%EV $\leq$ 20% für neue Messsysteme

II. Fall: %R&R=%EV $\leq$ 30% für Messsysteme im Einsatz

Das Messgerät ist geeignet.

Der Fall $\overline{R} = 0$ ist zu begründen. Dieser Fall kann z.B. unter folgenden Bedingungen auftreten:

- Die Auflösung der Messeinrichtung reicht nicht aus, um die Einflüsse zu erkennen.
- Fehler in der Messeinrichtung (z.B. Messtaster klemmt).

III. Fall: %R&R=%EV > 20% bzw. 30%

Das Messgerät ist nicht geeignet.

Die Messstreuung ist zu reduzieren, bis die Forderung erfüllt ist (siehe hierzu auch Vorgehensweise „Nicht fähige Messsysteme“).

5.2.5 Auswertung nach der ANOVA-Methode

Die Vorgehensweise ist prinzipiell gleich wie bei Verfahren 2 in Kapitel 5.1.4. Auch hier wird nur der Kennwert EV ermittelt.

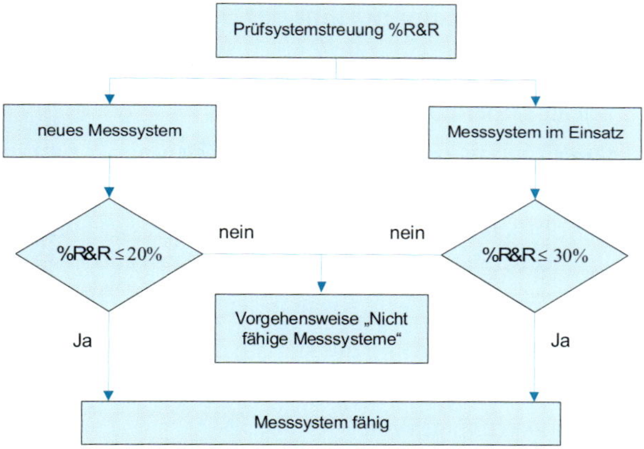

Abb. 5-26: Beurteilung %R&R

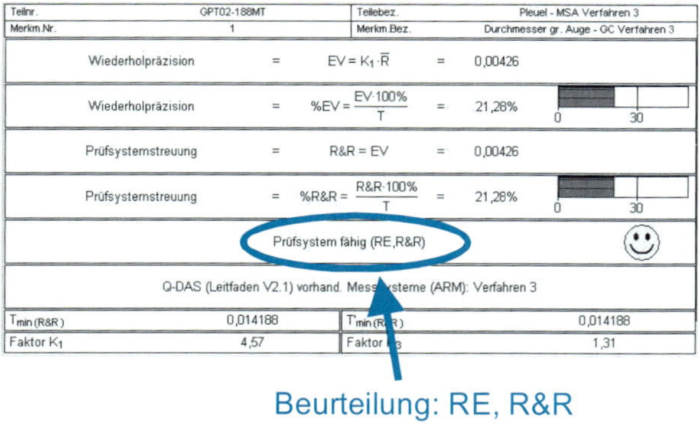

Teilnr.	GPT02-188MT	Teilebez.	Pleuel - MSA Verfahren 3
Merkm.Nr.	1	Merkm.Bez.	Durchmesser gr. Auge - GC Verfahren 3

Wiederholpräzision	=	$EV = K_1 \cdot \bar{R}$	=	0,00426
Wiederholpräzision	=	$\%EV = \frac{EV \cdot 100\%}{T}$	=	21,28%
Prüfsystemstreuung	=	$R\&R = EV$	=	0,00426
Prüfsystemstreuung	=	$\%R\&R = \frac{R\&R \cdot 100\%}{T}$	=	21,28%

Prüfsystem fähig (RE,R&R)

Q-DAS (Leitfaden V2.1) vorhand. Messsysteme (ARM): Verfahren 3

$T_{min (R\&R)}$	0,014188	$T'_{min (R\&R)}$	0,014188
Faktor K_1	4,57	Faktor K_3	1,31

Abb. 5-27: Formblatt Auswertedaten

5.2.6 Dokumentation der Untersuchung

Bericht über ein Merkmal

Das Ergebnis der Fähigkeitsuntersuchung ist umfassend zu dokumentieren. Dazu gehören:

- Kopfdaten zur Identifikation des Messverfahrens und Zuordnung zu der jeweiligen Messaufgabe
- Numerische Werte sowie deren grafische Darstellung
- Zusammenfassung der statistischen Kennwerte
- Beurteilung des Ergebnisses sowie die verwendete Auswertemethodik
- Unterschrift mit Datum, um die korrekte Durchführung zu dokumentieren.

Hinweise:

Da die numerischen Ergebnisse und Messwerte in tabellarischer Form eher einen „Zahlenfriedhof" darstellen, sollten die Einzelwerte auf jeden Fall in Form eines Werteverlaufs visualisiert werden. Ausreißer, Trends oder größere Schwankungen können so sehr schnell erkannt werden. Für den besseren Überblick empfiehlt es sich auch, die numerischen Ergebnisse in Form eines Balkendiagramms im Vergleich zu den Forderungen darzustellen.

Q-DAS	Messsystemanalyse	Seite 1 / 1

Akt. Dat. 22.03.2005	Bearb.Name	Abt./Kst./Prod.	Prüfort

Prüfmittel	Teil	Merkmal
Prfm.Bez. Prfm.Nr. Prfm.Aufl. 0,001 Prüfgrnd.	Teilebez. MSA Studie 3 (Bsp. 17) Teilnr. 17	Merkm.Bez. GC - Verfahren 3 (Bsp. 17.1) Merkm.Nr. 17.1 Nennm. 6,000 OSG 6,030 ≙ 0,030 Einh. USG 5,970 ≙ -0,030

Bemerkung

Teilnr. 17		Teilebez. MSA Studie 3 (Bsp. 1		
Merkm.Nr. 17.1		Merkm.Bez GC - Verfahren 3 (Bs		
n	$x_{A;1}$	$x_{A;2}$	$\bar{x}_{g;i}$	$R_{g;i}$
1	6,029	6,030	6,0295	0,001
2	6,019	6,020	6,0195	0,001
3	6,004	6,003	6,0035	0,001
4	5,982	5,982	5,9820	0,000
5	6,009	6,009	6,0090	0,000
6	5,971	5,972	5,9715	0,001
7	5,995	5,997	5,9960	0,002
8	6,014	6,018	6,0160	0,004
9	5,985	5,987	5,9860	0,002
10	6,024	6,028	6,0260	0,004
11	6,033	6,032	6,0325	0,001
12	6,020	6,019	6,0195	0,001
13	6,007	6,007	6,0070	0,000
14	5,985	5,986	5,9855	0,001
15	6,014	6,014	6,0140	0,000
16	5,973	5,972	5,9725	0,001
17	5,997	5,996	5,9965	0,001
18	6,019	6,015	6,0170	0,004
19	5,987	5,986	5,9865	0,001
20	6,029	6,025	6,0270	0,004
21	6,017	6,019	6,0180	0,002
22	6,003	6,001	6,0020	0,002
23	6,009	6,012	6,0105	0,003
24	5,987	5,987	5,9870	0,000
25	6,006	6,003	6,0045	0,003

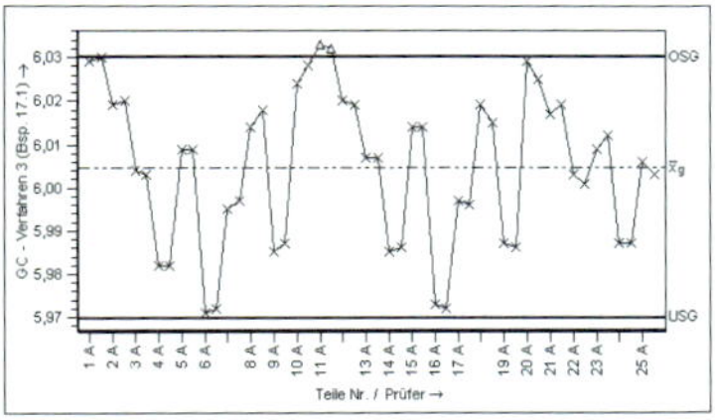

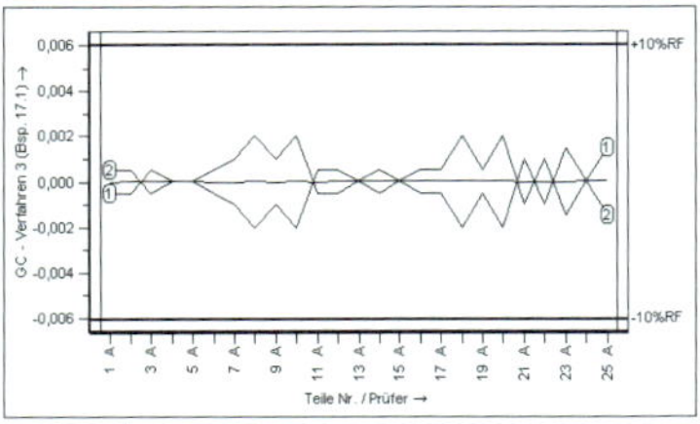

Teilnr. 17	Teilebez. MSA Studie 3 (Bsp. 17)
Merkm.Nr. 17.1	Merkm.Bez. GC - Verfahren 3 (Bsp. 17.1)

Wiederholpräzision	$EV = K_1 \cdot \bar{R}$	=	0,00731
Wiederholpräzision	$\%EV = \frac{EV \cdot 100\%}{T}$	=	12,18 %
Prüfsystemstreuung	$R\&R = EV$	=	0,00731
Prüfsystemstreuung	$\%R\&R = \frac{R\&R \cdot 100\%}{T}$	=	12,18 %
Teilestreuung	$PV = K_3 \cdot R_p$	=	0,0800
Teilestreuung	$\%PV = \frac{PV \cdot 100\%}{T}$	=	133,27 %
Zahl d. unterscheidb. Messwertklassen (ndc)	ndc	=	11

Prüfsystem fähig (RE,R&R) ☺

Q-DAS (Leitfaden V2.1) neue Messsysteme (ARM): Verfahren 3

$T_{min (R\&R)}$ 0,036537	$T_{min (R\&R)}$ 0,036537	
Faktor K_1 4,57		Faktor K_3 1,31

Datum ______ Unterschrift ______ Abteilung ______

22.03.2005 8.30 / 50209 GC_3_me.def Q-DAS intern ME 4 TEST_17.DFQ

Abb. 5-28: Ausdruck Gesamtergebnis Verfahren 3

Bericht bei mehreren Merkmalen

Für eine effiziente Beurteilung eines Teils mit mehreren Merkmalen, empfiehlt sich zunächst eine Übersichtsdarstellung am Bildschirm anzuzeigen oder ausdrucken zu lassen. Diese sollte die wichtigsten statistischen Kennwerte in tabellarischer Form bzw. in grafischer Form zeigen.

Die statistischen Kennwerte wie EV und R&R werden in einem sogenannten Balkendiagramm visualisiert. Durch entsprechende farbliche Markierung der Balken kann so schnell ermittelt werden, welche Merkmale den Eignungsnachweis nicht bestanden haben. Anschließend sind die nicht fähigen Merkmale separat zu analysieren.

In der tabellarischen Form kann zur besseren Entscheidungsfindung das Ergebnis mittels eines Zeichens wie „Smiley“ hervorgehoben werden.

Kennwerte Merkmale 2

Merkm.Nr.	Merkm.Bez.	n_{eff}	T	%EV	%R&R	
17.1	Merkmal 17.1	50	0,040	18,93%	18,93%	☺
17.2	Merkmal 17.2	50	0,080	9,46%	9,46%	☺
17.3	Merkmal 17.3	50	0,027	28,04%	28,04%	☹
17.4	Merkmal 17.4	50	0,100	7,57%	7,57%	---

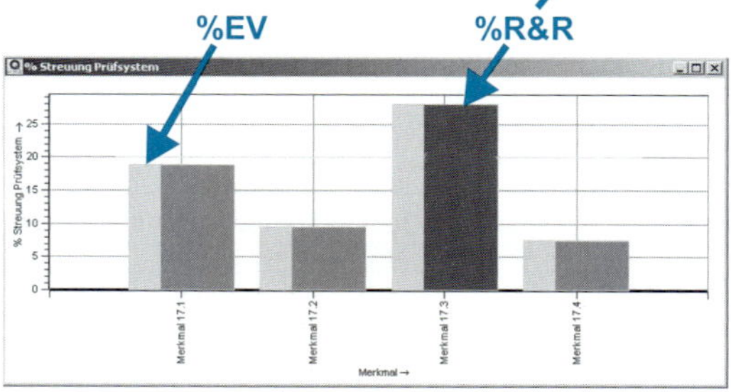

Abb. 5-29: Ergebnisübersicht %R&R

5.2.7 Auswertung nach MSA 3rd Edition

Die Unterschiede in Verfahren 3 entsprechen den in Kapitel 5.1.6 beschriebenen Punkten. Sie betreffen:

- die Benennung der Gesamtstreuung GRR
- die Berechnung der Faktoren K_1 und K_3 (K_2 entfällt bei Verfahren 3)
- die Grenzwerte für GRR
- die Auswahl der Bezugsgröße zur Berechnung der prozentualen Kenngrößen:
  - Part Variation (PV)
  - Total Variation (TV)
  - 1/6 Toleranz (T/6)
- die ergänzende Berechnung der Kenngröße ndc

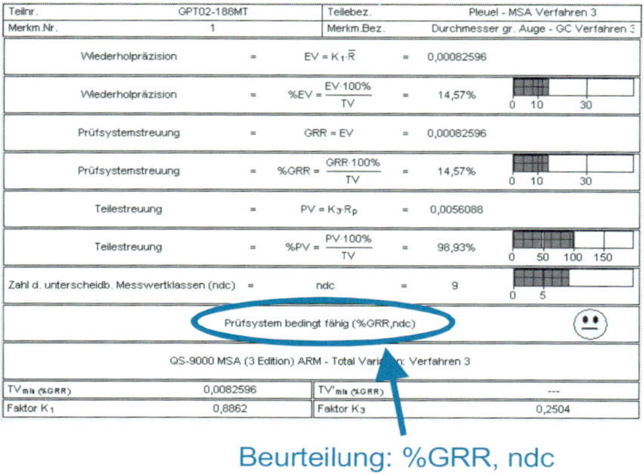

Teilnr.	GPT02-188MT	Teilebez.	Pleuel - MSA Verfahren 3
Merkm.Nr.	1	Merkm.Bez.	Durchmesser gr. Auge - GC Verfahren 3

Wiederholpräzision	=	$EV = K_1 \cdot \bar{R}$	=	0,00082596
Wiederholpräzision	=	$\%EV = \frac{EV \cdot 100\%}{TV}$	=	14,57%
Prüfsystemstreuung	=	$GRR = EV$	=	0,00082596
Prüfsystemstreuung	=	$\%GRR = \frac{GRR \cdot 100\%}{TV}$	=	14,57%
Teilestreuung	=	$PV = K_3 \cdot R_p$	=	0,0056088
Teilestreuung	=	$\%PV = \frac{PV \cdot 100\%}{TV}$	=	98,93%
Zahl d. unterscheidb. Messwertklassen (ndc)	=	ndc	=	9

Prüfsystem bedingt fähig (%GRR,ndc)

QS-9000 MSA (3 Edition) ARM - Total Variation: Verfahren 3

$TV_{mit (\%GRR)}$	0,0082596	$TV'_{mit (\%GRR)}$	---
Faktor K_1	0,8862	Faktor K_3	0,2504

Abb. 5-30: Formblatt Auswertedaten nach MSA 3rd Edition

5.3 Messbeständigkeit / Stabilität

Ein Messprozess kann sich mit der Zeit verändern und muss daher kontinuierlich überwacht werden. Dazu wird das Ergebnis eines Messprozesses von Zeit zu Zeit mit einem Normal/Referenzteil überprüft und dokumentiert. Die Überprüfung erfolgt wie bei der Stabilitätsprüfung im Fertigungsprozess mit Hilfe einer Shewhart-Karte. Bei Verletzungen der Eingriffsgrenzen sind Verbesserungsmaßnahmen einzuleiten. Die Stichprobenentnahme darf nicht mit den Justierzyklen korrelieren.

1. Schritt:

Dokumentation der Daten zu Messeinrichtung, Normal, Merkmal, Toleranz etc. (Abb. 5-26).

2. Schritt:

Art und Umfang der Stichprobenentnahme, Art der Qualitätsregelkarte sowie Art und Umfang der Stichprobenentnahme festlegen.

- Stichprobenumfang n = 2 bis 5
- Stichprobenart gleitend oder fest
- Stichprobenfrequenz
- Nichteingriffswahrscheinlichkeit
- Schätzer für Lage und Streuung

3. Schritt:

Ein kalibriertes Referenzteil im mittleren Toleranzbereich auswählen und die Messeinrichtung nach gültiger Vorschrift einstellen.

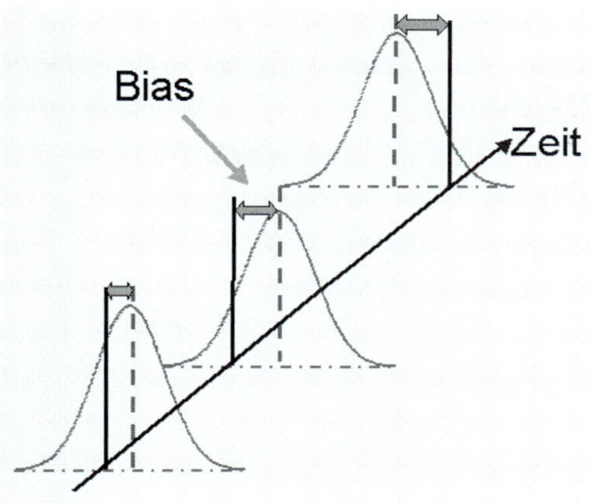

Abb. 5-31: Stabilität

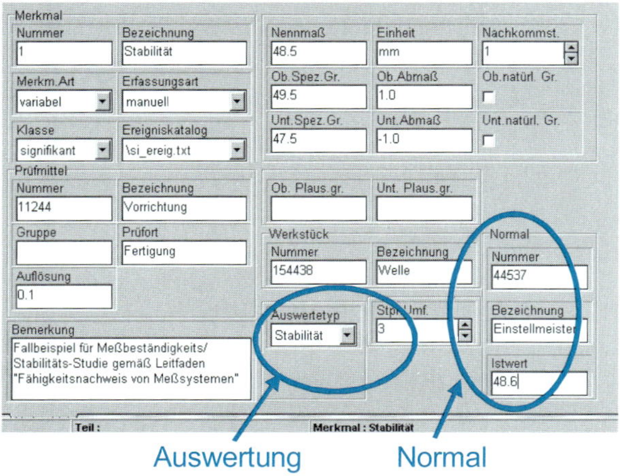

Abb. 5-32: Merkmalsmaske Stabilität

4. Schritt:

Berechnung der Eingriffsgrenzen der Shewhart-Qualitätsregelkarte.

Als Schätzer der Lage $\hat{\mu}$ kann verwendet werden:

- der Mittelwert eines Vorlaufs
- der Referenzwert des Normals oder
- der Mittelwert aus Verfahren 1.

Für den Schätzer der Streuung $\hat{\sigma}$ kann verwendet werden:

- die Standardabweichung eines Vorlaufs
- s_g aus Verfahren 1 oder
- 3,75% der Toleranz

  (abgeleitet aus $C_g = \frac{0,2 \cdot T}{4 \cdot s} \geq 1,33$)
- 2,5% der Toleranz

  (abgeleitet aus $C_g = \frac{0,2 \cdot T}{6 \cdot s} \geq 1,33$)

Hinweis:

Der Abstand der Eingriffsgrenzen sollte nicht kleiner als 10% der Toleranz sein. Andernfalls könnten aufgrund der endlichen Auflösung des Messmittels Verletzungen der Eingriffsgrenzen provoziert werden, obwohl der Messprozess stabil ist.

$\bar{x}$ – Karte:

$$OEG_{\bar{x}} = \hat{\mu} + 3 \cdot \frac{\hat{\sigma}}{\sqrt{n}} \qquad UEG_{\bar{x}} = \hat{\mu} - 3 \cdot \frac{\hat{\sigma}}{\sqrt{n}}$$

s-Karte:

$$OEG_{s} = B_{Eob} \cdot \hat{\sigma} \qquad UEG_{s} = B_{Eun} \cdot \hat{\sigma}$$

B_{Eob}, B_{Eun} siehe [4]

Nichteingriffswahrscheinlichkeit 99,73%

Abb. 5-33: Berechnung Eingriffsgrenzen

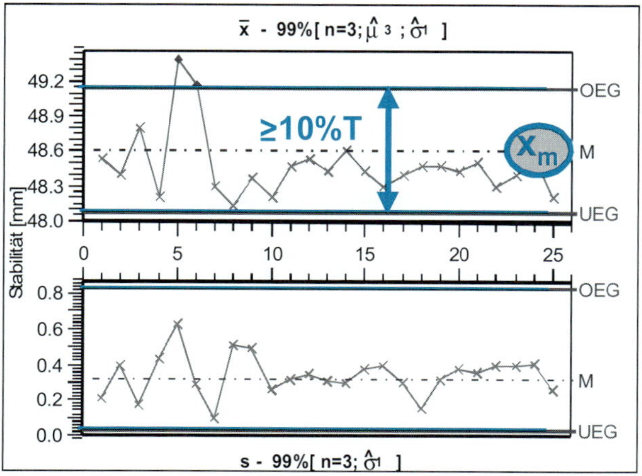

Abb. 5-34: Qualitätsregelkarte

5. Schritt:

Die vorläufige Stabilitätsprüfung sollte nach Möglichkeit über mindestens einen Tag hinweg erfolgen. In diesem Zeitraum sollten mindestens 25 Stichproben durchgeführt werden. Zur Festlegung des Überwachungsintervalls sind folgende Fälle zu unterscheiden:

I. Fall: Liegen die Messwerte innerhalb der vorgegebenen Eingriffsgrenzen, reicht es aus, die Messeinrichtung in festgelegten Intervallen, zum Beispiel jeweils zu Arbeitsbeginn, einzustellen.

II. Fall: Treten Über- oder Unterschreitungen der vorgegebenen Eingriffsgrenzen auf, ist das Intervall so zu verkürzen, dass die Messwerte innerhalb der Grenzen verbleiben. Ist ein Trend erkennbar, sollten die Gründe untersucht werden.

III. Fall: Treten trotz Optimierung des Kalibrierintervalls noch ständig Über- und Unterschreitungen auf, so ist die Messeinrichtung zu verbessern.

Hinweis: Für kleinste Toleranzen kann es auch erforderlich werden, grundsätzlich vor jeder Messung zu kalibrieren. Für diesen Fall entfällt die Stabilitätsprüfung.

6. Schritt:

Zur kontinuierlichen Stabilitätsüberwachung werden die gemessenen Werte in den unter Schritt 4 festgelegten Zeitabständen in die Qualitätsregelkarte eingetragen. Die Stichprobenentnahme muss unabhängig vom Justiervorgang erfolgen.

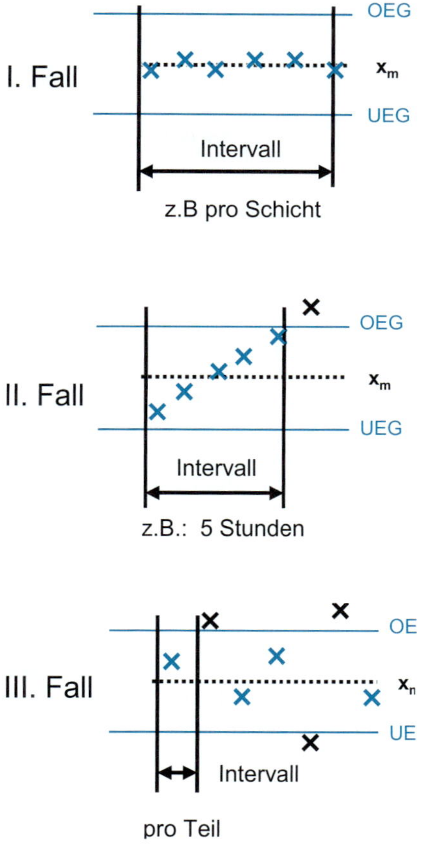

Abb. 5-35: Festlegung des Intervalls

5.4 Attributive Mess- und Prüfprozesse

Nach einer Definition in der MSA 3rd Edition [1] ist ein attributives Messsystem ein System, das nur eine begrenzte Anzahl Kategorien liefert, im gebräuchlichsten Fall einer Gut/Schlecht-Lehre sogar nur zwei mögliche Ergebnisse.

Ziel einer Unsicherheitsstudie für attributive Systeme ist die Bestimmung des Graubereiches, in dem Fehlentscheidungen bei einer Konformitätsprüfung bezüglich Toleranzgrenzen auftreten können.

Für die Bestimmung werden in der MSA [1] drei Verfahren vorgeschlagen:

- Hypothesen- und Effizienztest mit Hilfe der Kappa- und Kreuztabellen-Methoden
- Analytische Methode über die Zahl der positiven Entscheide
- Signalerkennung, direkte experimentelle Bestimmung der Grauzonen

Für das Kappa-Verfahren ist der Kennwert Kappa statistisch nicht fundiert, bei der analytischen Methode sind die notwendigen Voraussetzungen in der Praxis nur schwer realisierbar. Der Fokus liegt also, wie in vielen Firmenrichtlinien, auf der Methode der Signalerkennung.

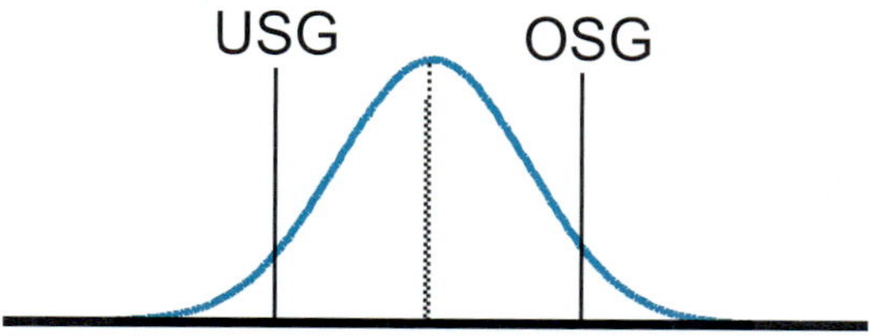

„Grauzonen“

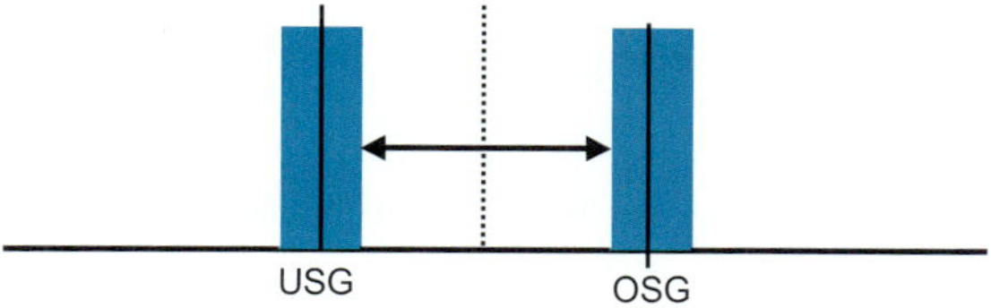

Methode der Signalerkennung:

1. Schritt:

Bestimmen Sie für 50 Werkstücke mit einem Messsystem bekannter Messunsicherheit U die Referenzwerte. Die Referenzwerte der gewählten 50 Werkstücke müssen mindestens die Merkmalstoleranz T ± U überdecken.

2. Schritt:

Mindestens 2 Prüfer führen mindestens je 2 Prüfungen unter Wiederholbedingungen durch.

3. Schritt:

Die Ergebnisse werden in einer Tabelle nach dem Rang der Referenzwerte sortiert.

4. Schritt:

Die Graubereiche an den Spezifikationen ergeben sich aus dem Abstand des letzten von allen Prüfern in allen Prüfungen angenommenen Teiles und des ersten von allen Prüfern in allen Prüfungen zurückgewiesenen Teiles.

5. Schritt:

Der mittlere Graubereich ist der Schätzwert für GRR

$$\mathrm{GRR} = \frac{d_1 + d_2}{2} = \overline{d}$$

$$\%\mathrm{GRR} = \frac{\overline{d}}{T} \cdot 100\%$$

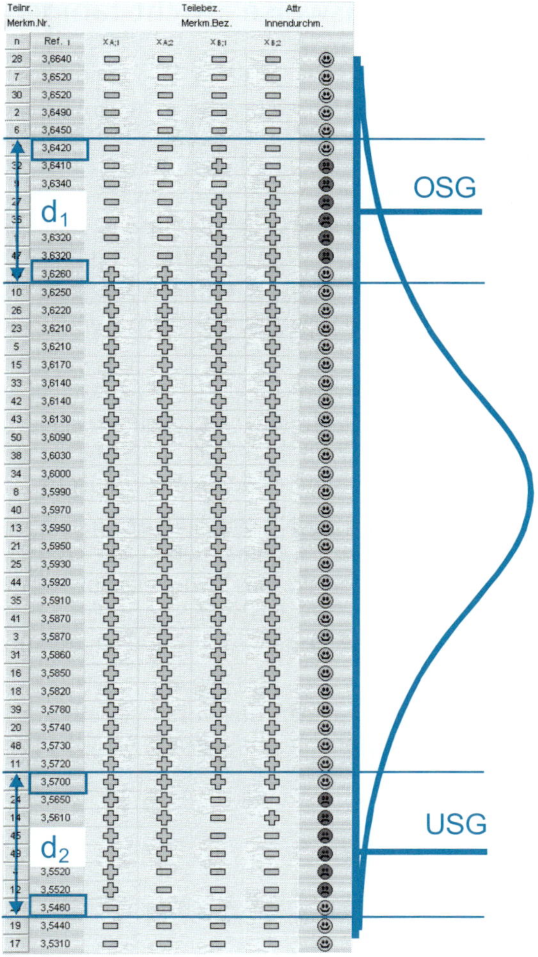

n	Ref. 1	$x_{A;1}$	$x_{A;2}$	$x_{B;1}$	$x_{B;2}$	
28	3,6640	−	−	−	−	☺
7	3,6520	−	−	−	−	☺
30	3,6520	−	−	−	−	☺
2	3,6490	−	−	−	−	☺
6	3,6450	−	−	−	−	☺
[illegible]	3,6420	−	−	−	−	☺
32	3,6410	−	−	+	−	☹
9	3,6340	−	−	−	+	☹
27	[illegible]	−	−	+	+	☹
36	[illegible]	−	−	+	+	☹
[illegible]	3,6320	−	−	+	+	☹
47	3,6320	−	−	+	+	☹
[illegible]	3,6260	+	+	+	+	☺
10	3,6250	+	+	+	+	☺
26	3,6220	+	+	+	+	☺
23	3,6210	+	+	+	+	☺
5	3,6210	+	+	+	+	☺
15	3,6170	+	+	+	+	☺
33	3,6140	+	+	+	+	☺
42	3,6140	+	+	+	+	☺
43	3,6130	+	+	+	+	☺
50	3,6090	+	+	+	+	☺
38	3,6030	+	+	+	+	☺
34	3,6000	+	+	+	+	☺
8	3,5990	+	+	+	+	☺
40	3,5970	+	+	+	+	☺
13	3,5950	+	+	+	+	☺
21	3,5950	+	+	+	+	☺
25	3,5930	+	+	+	+	☺
44	3,5920	+	+	+	+	☺
35	3,5910	+	+	+	+	☺
41	3,5870	+	+	+	+	☺
3	3,5870	+	+	+	+	☺
31	3,5860	+	+	+	+	☺
16	3,5850	+	+	+	+	☺
18	3,5820	+	+	+	+	☺
39	3,5780	+	+	+	+	☺
20	3,5740	+	+	+	+	☺
48	3,5730	+	+	+	+	☺
11	3,5720	+	+	+	+	☺
[illegible]	3,5700	+	+	+	+	☺
24	3,5650	+	+	−	−	☹
14	3,5610	+	+	−	+	☹
45	[illegible]	+	+	−	−	☹
49	[illegible]	+	+	−	−	☹
[illegible]	3,5520	+	−	−	−	☹
12	3,5520	+	−	−	−	☹
[illegible]	3,5460	−	−	−	−	☺
19	3,5440	−	−	−	−	☺
17	3,5310	−	−	−	−	☺

6 Vorgehensweise „Nicht fähige Messsysteme“

Häufig sind Messverfahren bei der ersten Untersuchung nicht fähig, was bei der hohen Anzahl von Einflussfaktoren nicht anders zu erwarten ist. In diesem Fall muss das Messsystem näher analysiert werden, um Schwachstellen beheben zu können. Häufig sind es bereits einfache und kostengünstige Maßnahmen, die das Messverfahren verbessern.

Im Folgenden sind in vier Schritten Vorschläge aufgeführt, die zur Verbesserung des Messverfahrens beitragen sollen.

Die Erfahrung lehrt, dass vielfach nicht das Messgerät die Hauptursache für ein schlechtes Messgerät darstellt, häufig sind es die Vielzahl der Einflussfaktoren. Daher ist auf deren Einschränkung besonderes Augenmerk zu legen.

Oftmals wird gegen die Neubeschaffung eines Messsystems aus Kostengründen argumentiert. Dabei dürfen die nicht unerheblichen Folgekosten keinesfalls aus dem Auge verloren werden, die beim Einsatz eines nicht fähigen Messverfahrens auf den Lieferanten von Produkten zukommen können.

Ist ein Messsystem gemäß den vorausgegangenen Verfahren nicht fähig, empfiehlt sich folgende Vorgehensweise.

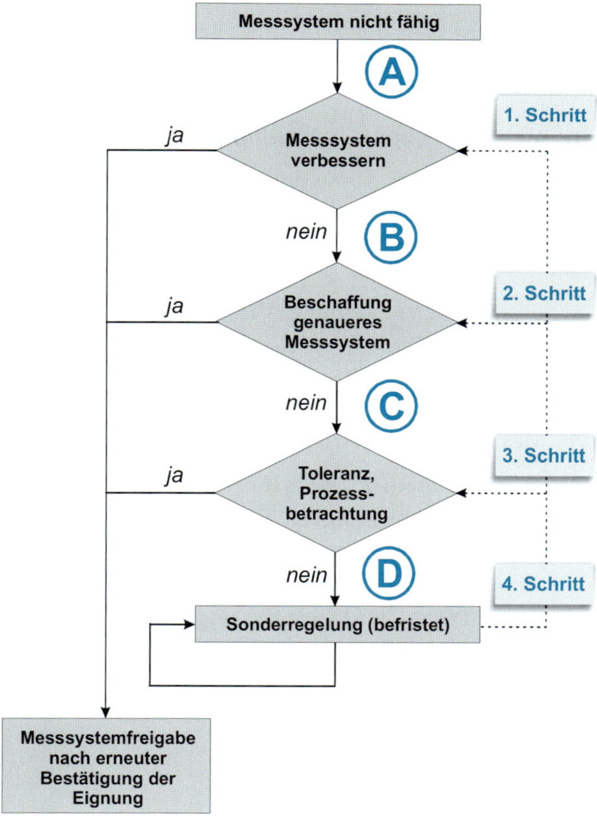

Abb. 6-1: Ablaufdiagramm bei „nicht fähigen Messsystemen“

1. Schritt:
Messsystem überprüfen, verbessern

▶ Messabweichung, Einstellnormale

- Mess-, Spann-, Niederhaltekräfte
- Messorte, Definition Messstellen
- Aufnahmen, Fluchtung Prüfling, Messtaster
- Antastelemente; Güte Einstellnormal(e)
  Führungen, Reibung, Verschleiß,
- Positionierung, Verkippung Prüfling
- Messablauf; Warmlaufphase, ...

▶ Messverfahren, -strategie

- Bezugselement, Basis für Aufnahme
- Messgeschwindigkeit, Einschwingzeiten
- Mehrpunktmessungen bzw. Scannen
  anstatt Einzelmesswert, ...
- Mittelwert aus Wiederholungsmessungen
- Messtechnik-, Statistik-Software
- Kalibrierkette, Einstellverfahren, ...
  (z.B. vor jeder Messung neu einstellen)

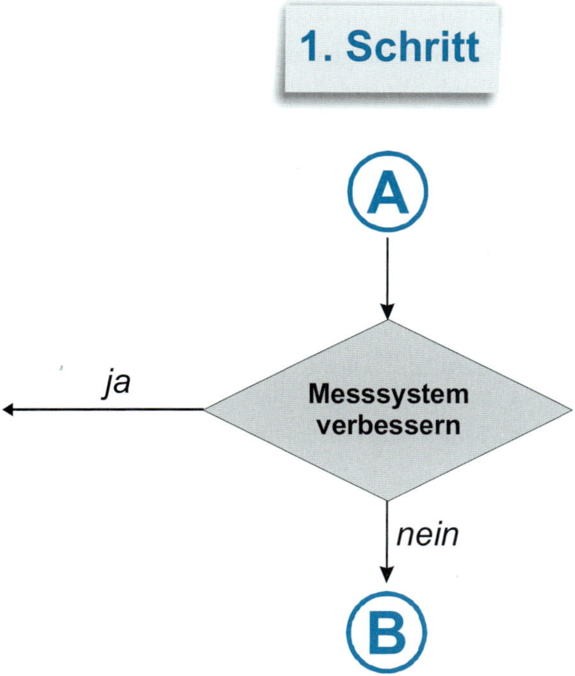

Abb. 6-2: Messsystem verbessern (Teil 1)

- **Umgebungsbedingungen**
  - Erschütterungen, Schwingungen
  - Staub, Ölnebel, Zugluft, Feuchtigkeit
  - Temperaturschwankungen
  - Elektrische Störungen, Spannungsspitzen
  - Energieschwankungen (Luft, Strom,..)
  -
- **Prüfling**
  - Sauberkeit, Waschrückstände
  - Oberflächenbeschaffenheit, Grate
  - Formfehler, Bezugsbasis
  - Materialeigenschaften
  - Temperaturkoeffizient, ...
  -
- **Bediener**
  - Eingewiesen, geschult
  - Sorgfalt, Handhabung
  - Sauberkeit, (Hautreste, Handfett,...)
  - Wärmeübertragung, ...

Je kleiner die Toleranzen werden, um so wichtiger ist die Beachtung der oben aufgeführten Einflussfaktoren. Ziel muss es daher sein, Auswirkungen der genannten Einflüsse zu minimieren.

1. Schritt

(Fortsetzung)

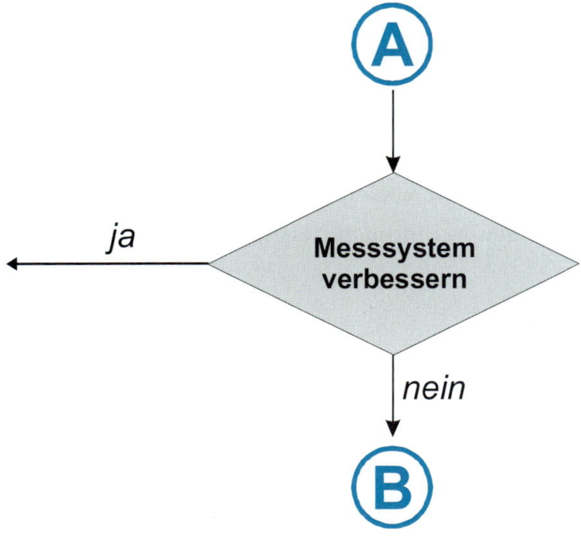

Abb. 6-3: Messsystem verbessern (Teil 2)

2. Schritt:
Genaueres Messsystem beschaffen

Mögliche Maßnahmen :

- Auflösung verbessern
- Lineare Systeme einsetzen
- Absolut messende Systeme bevorzugen (digital inkremental anstatt analog induktiv)
- Robuste Messeinrichtung (Lagerungen, Führungen, Messhebel, Übertragungselemente,...)
- Bedienerunabhängige Messeinrichtung
- Neue (berührungslose) Messverfahren, ...

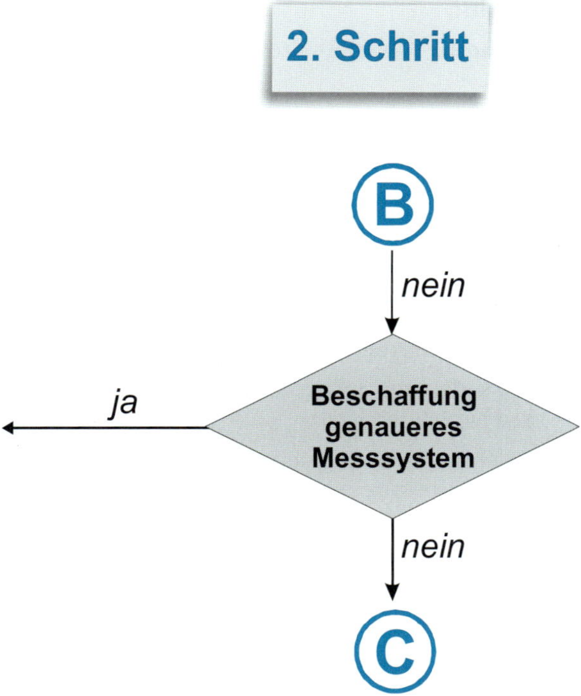

Abb. 6-4: Neubeschaffung

3. Schritt:
Merkmals-, Toleranz-, Prozessbetrachtung

Mögliche Maßnahmen:

- Merkmal auf Funktionsabhängigkeit überprüfen (ggf. neues Merkmal definieren z.B. Dichtheit anstelle Rundheit)
- 100% verlesen mit reduzierten Toleranzen
- Messsystemstreuung von Toleranz abziehen
- Auswirkungen auf Prozessregelung und Prozessfähigkeit berücksichtigen
- Toleranz anpassen (statistische Tolerierung; Toleranz und Prozessstreuung gegenüberstellen; Toleranzehrlichkeit!) – Abstimmung mit Fertigungsplanung, Produktion, Qualitätssicherung, Entwicklung, Kunde

Hinweis:

Besonders muss die ganzheitliche Abstimmung im Team im Mittelpunkt stehen. Unter Einbezug aller Experten muss quasi eine Risikoabschätzung durchgeführt werden, damit vor allen Dingen negative Auswirkungen in einem vertretbaren Rahmen bleiben. Vor allem muss der Kunde bei solchen Entscheidungen involviert sein.

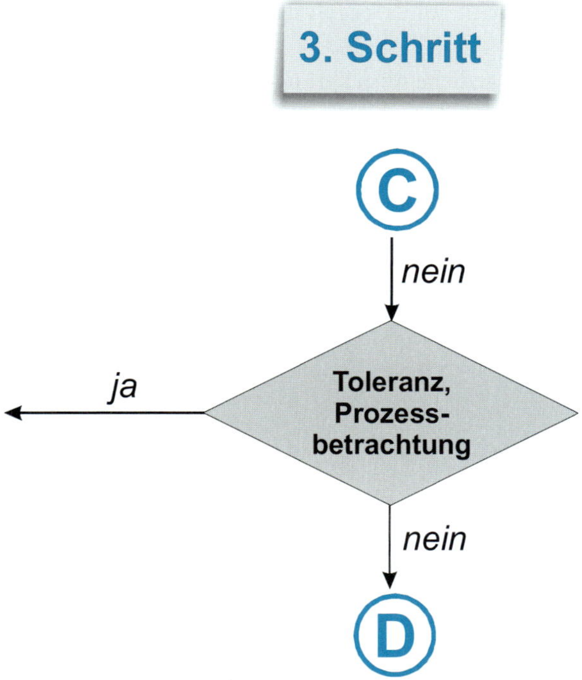

Abb. 6-5: Prozessbetrachtung

4. Schritt: Sonderregelung

- Zusätzliche Absicherung (z.B. Stabilitätsüberwachung, zusätzlicher Regelkreis, genaueres Messmittel im Feinmessraum, Funktionsabsicherung, -überprüfung)
- Zeitlich befristete Sonderregelung treffen – Abstimmung mit Messtechnikexperten, Fertigungsplanung, Produktion, Qualitätssicherung, Entwicklung, Kunde
- Regelung z.B. jährlich neu bewerten gemäß Schritt 1 bis 4 und ggf. Regelung überarbeiten bzw. für weitere Zeitspanne bestätigen

4. Schritt

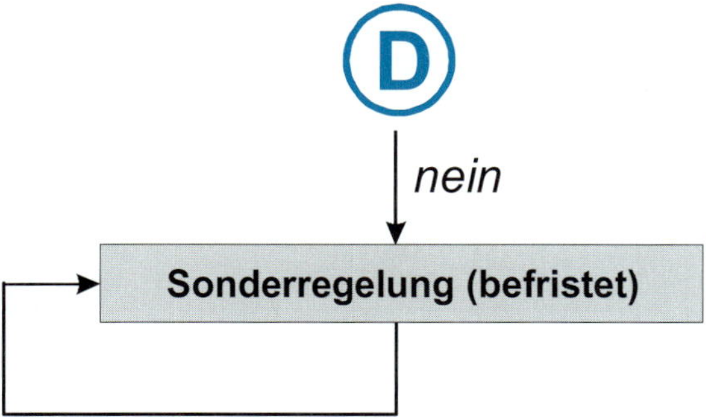

Abb. 6-6: Sonderregelung

Überlegungen zur bedingten Freigabe

Eine bedingte Freigabe von Messsystemen kann aus Lieferantensicht von den nachfolgend beschriebenen Überlegungen begleitet sein. Die hier beispielhaft genannten Grenzen und Bewertungen sollten als Vorschlag aufgefasst und den eigenen Bedingungen angepasst werden.

- Welche Indizes (C_g/C_{gk}/%R&R) hat das Messsystem erreicht?

C_g/C_{gk}	%R&R (GW: Grenzwert)	Kennzahl F1
1,33 ... 1,20	GW ... GW + 10%	1
1,20 ... 0,80	GW + 10%... GW + 20%	2
kleiner 0,80	GW + 20%	7 (keine Freigabe)

- Welche Auswirkungen hat eine Fehlentscheidung auf Grund einer Fehlmessung für den Kunden?

Auswirkung	Kennzahl F2
Keine	1
Vernachlässigbar	2
Gering	3
Sonstige	7 (Keine Freigabe)

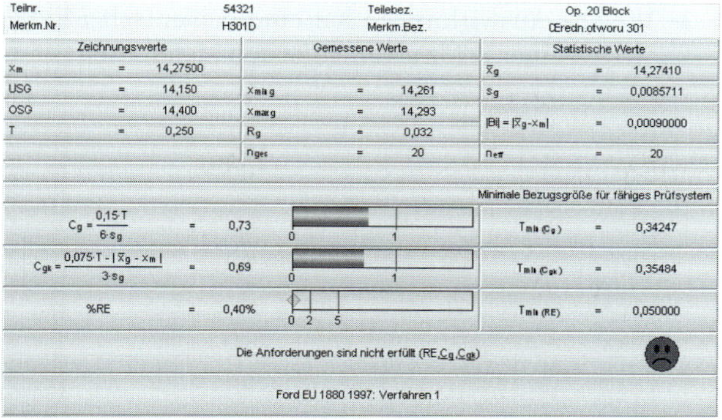

Teilnr.	54321	Teilebez.	Op. 20 Block
Merkm.Nr.	H301D	Merkm.Bez.	Œredn.otworu 301

Zeichnungswerte		Gemessene Werte		Statistische Werte	
x_m =	14,27500			$\bar{x}_g$ =	14,27410
USG =	14,150	$x_{min\,g}$ =	14,261	s_g =	0,0085711
OSG =	14,400	$x_{max\,g}$ =	14,293	$\|Bi\| = \|\bar{x}_g - x_m\|$ =	0,00090000
T =	0,250	R_g =	0,032		
		n_{ges} =	20	n_{eff} =	20

			Minimale Bezugsgröße für fähiges Prüfsystem	
$C_g = \frac{0{,}15 \cdot T}{6 \cdot s_g}$	= 0,73	0 1	$T_{min\,(C_g)}$ =	0,34247
$C_{gk} = \frac{0{,}075 \cdot T - \|\bar{x}_g - x_m\|}{3 \cdot s_g}$	= 0,69	0 1	$T_{min\,(C_{gk})}$ =	0,35484
%RE	= 0,40%	0 2 5	$T_{min\,(RE)}$ =	0,050000

Die Anforderungen sind nicht erfüllt (RE,Cg,Cgk)

Ford EU 1880 1997: Verfahren 1

Abb. 6-7: nicht fähiges Messsystem (Verfahren 1)

- Welche Auswirkungen hat eine Fehlentscheidung auf Grund einer Fehlmessung für den Lieferanten?

Auswirkung	*Kennzahl F3*
Unbedeutend	*1*
Mittelschwer	*2*
Problematisch	*3*
Schwerwiegend/Kritisch	*7 (Keine Freigabe)*

- Anhand des Produkts $F_p = F_1 \cdot F_2 \cdot F_3$ wird nun folgende Bewertung durchgeführt:

Produkt $F_p = F_1 \cdot F_2 \cdot F_3$	*Entscheidung*
$F_p \leq 2$	*Freigabe mit Auflage. Regelmäßige Prüfung, ob eine Verbesserung des Messprozesses möglich ist.*
$3 \leq F_p \leq 6$	*Freigabe mit Auflage. Regelmäßige Prüfung, ob eine Verbesserung des Messprozesses möglich ist. Nachweis der Wirksamkeit von Maßnahmen zur Vermeidung der Fehlerfolgen.*
$F_p \geq 7$	*Keine Freigabe*

Sofern eine Auswirkung beim Kunden zu erwarten ist ($F2 > 1$), muss der Kunde in die Entscheidung mit einbezogen werden.

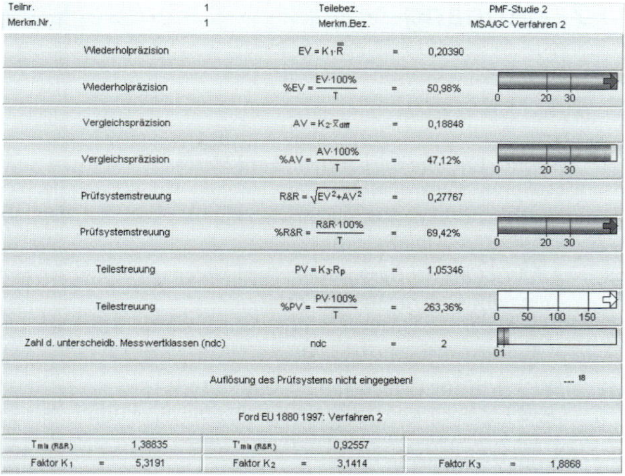

Teilnr. 1	Teilebez.	PMF-Studie 2	
Merkm.Nr. 1	Merkm.Bez.	MSA/GC Verfahren 2	
Wiederholpräzision	$EV = K_1 \cdot \bar{\bar{R}}$	= 0,20390	
Wiederholpräzision	$\%EV = \frac{EV \cdot 100\%}{T}$	= 50,98%	0 20 30
Vergleichspräzision	$AV = K_2 \cdot \bar{X}_{diff}$	= 0,18848	
Vergleichspräzision	$\%AV = \frac{AV \cdot 100\%}{T}$	= 47,12%	0 20 30
Prüfsystemstreuung	$R\&R = \sqrt{EV^2 + AV^2}$	= 0,27767	
Prüfsystemstreuung	$\%R\&R = \frac{R\&R \cdot 100\%}{T}$	= 69,42%	0 20 30
Teilestreuung	$PV = K_3 \cdot R_p$	= 1,05346	
Teilestreuung	$\%PV = \frac{PV \cdot 100\%}{T}$	= 263,36%	0 50 100 150
Zahl d. unterscheidb. Messwertklassen (ndc)	ndc	= 2	01
Auflösung des Prüfsystems nicht eingegeben!			--- 18
Ford EU 1880 1997: Verfahren 2			
$T_{min\,(R\&R)}$ 1,38835	$T'_{min\,(R\&R)}$ 0,92557		
Faktor K_1 = 5,3191	Faktor K_2 = 3,1414	Faktor K_3 = 1,8868	

Abb. 6-8: nicht fähiges Messsystem (Verfahren 2)

7 Anhang

7.1 Literatur

[1] *A.I.A.G; Chrysler Corporation, Ford Motor Company, General Motors Corp.*
Measurement Systems Analysis, Core Tools (Reference Manual), 3. Auflage. Michigan, USA, 2002.

[2] *A.I.A.G; Chrysler Corporation, Ford Motor Company, General Motors Corp.*
Forderungen an Qualitätsmanagement-Systeme – QS-9000, 3. Auflage. Michigan, USA, 1998.

[3] *DGQ Deutsche Gesellschaft für Qualität e.V.*
DGQ Leitfaden 13-61: Prüfmittelmanagement – Prüfprozesse planen, überwachen und lenken, 2. Auflage.
Beuth Verlag, Berlin, 2002.

[4] *Dietrich, E. / Schulze, A.*
Statistische Verfahren zur Maschinen- und Prozessqualifikation. 5., aktualisierte Auflage. Carl Hanser Verlag, München, 2005.

[5] *Dietrich, E. / Schulze, A.*
Richtlinien zur Beurteilung von Messsystemen und Prozessen, Abnahme von Fertigungseinrichtungen.
Carl Hanser Verlag, München, 1998.

[6] *Dietrich, E. / Schulze, A.*
Eignungsnachweis von Prüfprozessen. 3., aktualisierte und erweiterte Auflage. Carl Hanser Verlag, München, 2007.

[7] *DIN – Deutsches Institut für Normung*
DIN EN ISO 10012: Ausgabe:2004-03
Messmanagementsysteme – Anforderungen an Messprozesse und Messmittel (ISO 10012:2003); Dreisprachige Fassung EN ISO 10012:2003. Beuth Verlag, Berlin, 2004.

[8] *DIN EN ISO 14253-1*
Geometrische Produktspezifikation (GPS) – Prüfung von Werkstücken und Messgeräten durch Messungen – Teil 1: Entscheidungsre-

geln für die Feststellung von Übereinstimmung oder Nicht-Übereinstimmung mit Spezifikationen. März 1999.

[9] *DIN – Deutsches Institut für Normung*
Leitfaden zur Angabe der Unsicherheit bei Messen (GUM) – DIN V ENV 13005. Beuth Verlag, Berlin, 1999.

[10] *DIN – Deutsches Institut für Normung*
DIN EN ISO 9000-2005: Qualitätsmanagementsysteme – Grundlagen und Begriffe. Beuth Verlag, Berlin, 2005.

[11] *DIN – Deutsches Institut für Normung*
Internationales Wörterbuch der Metrologie.
Beuth Verlag, Berlin, 1994.

[12] *Ford Motor Co.: EU 1880 B*
Richtlinie: Fähigkeit von Mess-Systemen und Messmitteln. Übersetzung der EU 1880 A. Köln, Oktober 1997.

[13] *General Motors Corp. – GM Powertrain*
SP-Q-EMS-GLOBAL 10.8 – Richtlinie für Messsystemanalysen. Detroit/Rüsselsheim, 2004.

[14] *Q-DAS® GmbH*
Leitfaden der Automobilindustrie zum "Fähigkeitsnachweis von Messsystemen". Birkenau, Dezember 1999.

[15] *Robert Bosch GmbH*
Schriftenreihe „Qualitätssicherung in der Bosch-Gruppe Nr. 10“. Fähigkeit von Mess- und Prüfprozessen. Stuttgart, 2003.

[16] *VDA – Verband der Automobilindustrie*
VDA Band 5: Prüfprozesseignung. VDA, Frankfurt, 2003.

[17] *VDA – Verband der Automobilindustrie*
VDA Band 6 Teil 1: QM-Systemaudit. 4., vollständig überarbeitete Auflage. VDA, Frankfurt, 1998.

[18] *Volkswagen AG – Audi AG*
VW101 18-2 – Prüfmittelfähigkeit.
Oktober 1998.

[19] *Volkswagen AG – Audi AG*
VW 101 19 – Prüfprozesseignung.
März 2003.

7.2 Abkürzungen

ANOVA	(Varianzanalyse) **An**alysis **o**f **V**a**r**iance
ARM	Mittelwert-Spannweiten-Methode (**A**verage **R**ange **M**ethod)
AV	Vergleichpräzision (Reproducibility / **A**ppraiser **V**ariation)
%AV	Vergleichpräzision (Reproducibility / **A**ppraiser **V**ariation) in % bezogen auf die Bezugsgröße (RF)
Bi	Systematische Messabweichung
%Bi	Systematische Messabweichung (**Bi**as) in % bezogen auf die Bezugsgröße (RF) Die systematische Messabweichung wird häufig als Genauigkeit bezeichnet. In der ISO 10012 ist aber der Begriff "Genauigkeit" als qualitativer Begriff definiert. Daher wird in dieser Richtlinie die Differenz zwischen dem beobachteten Mittelwert $\overline{x}_g$ und dem "wahren Wert" x_m mit systematischer Messabweichung bezeichnet.
C_g	Potential Messsystem (**g**age potential index)
C_{gk}	Fähigkeitsindex Messsystem (**g**age **c**apability index) Verfahren 1
EV	Wiederholpräzision (Repeatability – **E**quipment **V**ariation) Messsystem
%EV	Wiederholpräzision (Repeatability – **E**quipment **V**ariation) Messsystem in % bezogen auf die Bezugsgröße (RF)

GRR	**G**age **R**epeatability and **R**eproducibility identisch mit R&R
%GRR	siehe GRR und %R&R
k	Anzahl der Prüfer (operators)
K_1, K_2, K_3	Faktoren, die von der Anzahl der Prüfer, Wiederholungen und Teile abhängt
n	Anzahl der Teile (**n**umber of parts)
ndc	number of distinct categories (Anzahl unterscheidbarer Messwertklassen, „effektive Auflösung")
OEG	**O**bere **E**ingriffs**g**renze
OSG	**O**bere **S**pezifikations**g**renze
QRK	Qualitätsregelkarte
r	Anzahl der Messwertreihen pro Prüfer
$\overline{\overline{R}}$	Mittelwert der mittleren Spannweiten
$\overline{R}$	mittlere Spannweite
R_p	Spannweite der Mittelwerte $\overline{x}_{pi}$ der Teile
R&R	Wiederhol- und Vergleichpräzision, **R**epeatability & **R**eproducibility
%R&R	Wiederhol- und Vergleichpräzision (**R**epeatability & **R**eproducibility) in % bezogen auf die Bezugsgröße (RF)
RE	Auflösung (**Re**solution) des Messsystems
%RE	Auflösung (**Re**solution) des Messsystems in %

RF	Bezugsgröße (**R**eference **F**igure), z.B. Prozeßtoleranz, Prozeßstreuung, Toleranz, Klassentoleranz
s_g	Standardabweichung einer mit einem Messsystem am Normal erfaßten Messreihe
T	Toleranz
U	erweiterte Mess**u**nsicherheit
%U	**U**nsicherheit in % bezogen auf die Bezugsgröße (RF)
UEG	**U**ntere **E**ingriffs**g**renze
USG	**U**ntere **S**pezifikations **G**renze
$\overline{x}_{Diff}$	max. Differenz zwischen den Mittelwerten mehrerer Messwertreihen (von $\overline{x}$)
$\overline{x}_g$	Mittelwert einer, mit einem Messsystem am Normal erfaßten, Messwertreihe
x_i	Einzelwerte einer Messwertreihe
x_m	Referenzwert (**m**aster, Normal) entspricht „richtiger" bzw. „wahrer" Wert
$(x_m)_i$	Referenzwert des Normals i
$\overline{x}_{pi}$	Mittelwert des i-ten Teils bei Verfahren 2 und 3
x-Karte	Einzelwertkarte

7.3 Formeln

$$\bar{x}_g = \frac{1}{n}\sum_{i=1}^{n} x_i \qquad i = 1, 2, 3, ..., n$$

$$s_g = \sqrt{\frac{1}{n-1}\sum_{i=1}^{n}\left(x_i - \bar{x}_g\right)^2} \qquad i = 1, 2, 3, ..., n$$

$$R = x_{max} - x_{min}$$

$$Bi = \bar{x}_g - x_m \qquad \%Bi = \frac{Bi}{RF}\cdot 100\%$$

$$C_g = \frac{0{,}2\cdot T}{4\cdot s_g} \qquad C_{gk} = \frac{0{,}1\cdot T - |Bi|}{2\cdot s_g}$$

$$EV = K_1 \cdot \bar{\bar{R}} \qquad \%EV = \frac{EV}{RF}\cdot 100\%$$

$$AV = K_2 \cdot \bar{x}_{Diff} \qquad \%AV = \frac{AV}{RF}\cdot 100\%$$

$$R\,\&\,R = \sqrt{EV^2 + AV^2} = GRR$$

$$\%R\,\&\,R = \frac{R\,\&\,R}{RF}\cdot 100\% = \%GRR$$

$$GRR = R\&R \qquad \%GRR = \%R\&R$$

$$ndc = 1{,}41\cdot\frac{PV}{GRR}$$

$$PV = K_3 \cdot R_p$$

7.4 Tabelle mit d2*-Werten für k-Faktoren

Anzahl Stichproben: k · n Anzahl Prüfer (k) * Anzahl Teile (n)	d2*	Stichprobenumfang: Anzahl Wiederholungen (r) für K_1 oder Anzahl Prüfer (k) für K_2 Anzahl der Teile (n) für K_3													
		2	3	4	5	6	7	8	9	10	11	12	13	14	15
	1	1.41	1.91	2.24	2.48	2.67	2.83	2.96	3.08	3.18	3.27	3.35	3.42	3.49	3.55
	2	1.28	1.81	2.15	2.40	2.60	2.77	2.91	3.02	3.13	3.22	3.30	3.38	3.45	3.51
	3	1.23	1.77	2.12	2.38	2.58	2.75	2.89	3.01	3.11	3.21	3.29	3.37	3.43	3.50
	4	1.21	1.75	2.11	2.37	2.57	2.74	2.88	3.00	3.10	3.20	3.28	3.36	3.43	3.49
	5	1.19	1.74	2.10	2.36	2.56	2.73	2.87	2.99	3.10	3.19	3.28	3.35	3.42	3.49
	6	1.18	1.73	2.09	2.35	2.56	2.73	2.87	2.99	3.10	3.19	3.27	3.35	3.42	3.49
	7	1.17	1.73	2.08	2.35	2.55	2.72	2.87	2.99	3.10	3.19	3.27	3.35	3.42	3.48
	8	1.17	1.72	2.08	2.35	2.55	2.72	2.87	2.98	3.09	3.19	3.27	3.35	3.42	3.48
	9	1.16	1.72	2.08	2.34	2.55	2.72	2.86	2.98	3.09	3.18	3.27	3.35	3.42	3.48
	10	1.16	1.72	2.08	2.34	2.55	2.72	2.86	2.98	3.09	3.18	3.27	3.34	3.42	3.48
	11	1.16	1.71	2.08	2.34	2.55	2.72	2.86	2.98	3.09	3.18	3.27	3.34	3.41	3.48
	12	1.15	1.71	2.07	2.34	2.55	2.72	2.85	2.98	3.09	3.18	3.27	3.34	3.41	3.48
	13	1.15	1.71	2.07	2.34	2.55	2.71	2.85	2.98	3.09	3.18	3.27	3.34	3.41	3.48
	14	1.15	1.71	2.07	2.34	2.54	2.71	2.85	2.98	3.08	3.18	3.27	3.34	3.41	3.48
	15	1.15	1.71	2.07	2.34	2.54	2.71	2.85	2.98	3.08	3.18	3.26	3.34	3.41	3.48
	> 15	1.128	1.693	2.059	2.326	2.534	2.704	2.847	2.970	3.078	3.173	3.258	3.336	3.407	3.472

Die K Faktoren (K_1, K_2 und K_3) werden mit

- $\frac{5.152}{d_2^*}$ für 99% (basierend auf einer Normalverteilung)
- bzw. $\frac{1}{d_2^*}$ nach MSA 3rd Edition berechnet.

K_1 ist abhängig von der Anzahl Wiederholungen (r) und der Anzahl Teile (n) mal der Anzahl der Prüfer (k).

K_2 ist abhängig von der Anzahl der Prüfer (k). Da nur eine Spannweite berechnet wird, gilt nur Zeile 1.

K_3 ist abhängig von der Anzahl der Teile (n). Da nur eine Spannweite betrachtet wird, gilt nur Zeile 1.

Beispiele:

1. 2 Wiederholungen (r=2), 3 Prüfer (k=3), 10 Teile (n=10)

falls $k \cdot n = 3 \cdot 10 = 30 > 15$: $\boxed{d_2^* = 1.128}$

$$K_1 = \frac{5.152}{1.128} = 4.567$$

$$K_1 = \frac{1}{1.128} = 0{,}886$$ (MSA 3rd Ed. [1] und [15])

2. 10 Wiederholungen (r=10), 1 Prüfer (k=1), 5 Teile (n=5)

$k \cdot n = 1 \cdot 5 = 5$ $\boxed{d_2^* = 3.10}$

$$K_1 = \frac{5.152}{3.1} = 1.662$$

$K_1 = 0{,}322$ (MSA 3rd Ed. [1] und [15])

3. 3 Prüfer k=3

$$K_2 = \frac{5.152}{1.91} = 2.697$$ $\boxed{d_2^* = 1.91}$

$K_2 = 0{,}523$ (MSA 3rd Ed. [1] und [15])